战略性新兴领域"十四五"高等教育系列教材

机器人中间件技术及应用

主　编　张小刚　齐　乐
副主编　边耐政　王绍源
参　编　陈　华　张　雷　方　遒
　　　　马　韬　王鼎湘

机械工业出版社

工业机器人软件是国家制造业重点发展的战略性新兴领域。培养工业智能机器人软件开发领域的拔尖创新人才，是高等学校服务智能制造发展的重要使命。机器人中间件是机器人应用软件开发过程中，介于应用层和物理层之间的中间层软件。开发人员可以利用中间件共享全局信息物理资源，快速开发功能组件，提升软件的可复用性和开发效率，降低异构机器人的开发成本和云边端复杂场景的开发部署难度。

本书共分为8章，涵盖机器人中间件概述、机器人中间件框架、设备服务化技术与应用、面向服务的中间件总线技术、集成DDS的中间件服务总线、总线上应用生态组件的设计、机器人云边端协同开发技术和基于机器人中间件的云边端应用开发实例。

本书适用于机器人中间件的初、中级用户，以及有初步使用经验的技术人员，可作为理工科院校相关专业的高年级本科生、研究生及教师学习机器人中间件的培训教材，也可作为从事相关行业的工程技术人员开发使用机器人中间件的参考读物。

本书配有电子课件等教学资源，欢迎选用本书作教材的教师登录www.cmpedu.com注册后下载，或发邮件至jinacmp@163.com索取。

图书在版编目（CIP）数据

机器人中间件技术及应用/张小刚，齐乐主编．
北京：机械工业出版社，2024.12．--（战略性新兴领域"十四五"高等教育系列教材）．-- ISBN 978-7-111-77444-0

Ⅰ．TP24

中国国家版本馆CIP数据核字第20249WG958号

机械工业出版社（北京市百万庄大街22号　邮政编码100037）
策划编辑：吉　玲　　　　　责任编辑：吉　玲　韩　静
责任校对：郑　雪　陈　越　封面设计：张　静
责任印制：单爱军
北京虎彩文化传播有限公司印刷
2024年12月第1版第1次印刷
184mm×260mm · 11印张 · 263千字
标准书号：ISBN 978-7-111-77444-0
定价：43.00元

电话服务　　　　　　　　　网络服务
客服电话：010-88361066　　机　工　官　网：www.cmpbook.com
　　　　　010-88379833　　机　工　官　博：weibo.com/cmp1952
　　　　　010-68326294　　金　书　网：www.golden-book.com
封底无防伪标均为盗版　　机工教育服务网：www.cmpedu.com

序

人工智能和机器人等新一代信息技术正在推动着多个行业的变革和创新，促进了多个学科的交叉融合，已成为国际竞争的新焦点。《中国制造2025》《"十四五"机器人产业发展规划》《新一代人工智能发展规划》等国家重大发展战略规划都强调人工智能与机器人两者需深度结合，需加快发展机器人技术与智能系统，推动机器人产业的不断转型和升级。开展人工智能与机器人的教材建设及推动相关人才培养符合国家重大需求，具有重要的理论意义和应用价值。

为全面贯彻党的二十大精神，深入贯彻落实习近平总书记关于教育的重要论述，深化新工科建设，加强高等学校战略性新兴领域卓越工程师培养，根据《普通高等学校教材管理办法》（教材〔2019〕3号）有关要求，经教育部决定组织开展战略性新兴领域"十四五"高等教育教材体系建设工作。

湖南大学、浙江大学、国防科技大学、北京理工大学、机械工业出版社组建的团队成功获批建设"十四五"战略性新兴领域——新一代信息技术（人工智能与机器人）系列教材。针对战略性新兴领域高等教育教材整体规划性不强、部分内容陈旧、更新迭代速度慢等问题，团队以核心教材建设牵引带动核心课程、实践项目、高水平教学团队建设工作，建成核心教材、知识图谱等优质教学资源库。本系列教材聚焦人工智能与机器人领域，凝练出反映机器人基本机构、原理、方法的核心课程体系，建设具有高阶性、创新性、挑战性的《人工智能之模式识别》《机器学习》《机器人导论》《机器人建模与控制》《机器人环境感知》等20种专业前沿技术核心教材，同步进行人工智能、计算机视觉与模式识别、机器人环境感知与控制、无人自主系统等系列核心课程和高水平教学团队的建设。依托机器人视觉感知与控制技术国家工程研究中心、工业控制技术国家重点实验室、工业自动化国家工程研究中心、工业智能与系统优化国家级前沿科学中心等国家级科技创新平台，设计开发具有综合型、创新型的工业机器人虚拟仿真实验项目，着力培养服务国家新一代信息技术人工智能重大战略的经世致用领军人才。

这套系列教材体现以下几个特点：

（1）教材体系交叉融合多学科的发展和技术前沿，涵盖人工智能、机器人、自动化、智能制造等领域，包括环境感知、机器学习、规划与决策、协同控制等内容。教材内容紧跟人工智能与机器人领域最新技术发展，结合知识图谱和融媒体新形态，建成知识单元711个、知识点1803个，关系数量2625个，确保了教材内容的全面性、时效性和准确性。

（2）教材内容注重丰富的实验案例与设计示例，每种核心教材配套建设了不少于5节的核心范例课，不少于10项的重点校内实验和校外综合实践项目，提供了虚拟仿真和实操项目相结合的虚实融合实验场景，强调加强和培养学生的动手实践能力和专业知识综合应用能力。

（3）系列教材建设团队由院士领衔，多位资深专家和教育部教指委成员参与策划组织工作，多位杰青、优青等国家级人才和中青年骨干承担了具体的教材编写工作，具有较高的编写质量，同时还编制了新兴领域核心课程知识体系白皮书，为开展新兴领域核心课程教学及教材编写提供了有效参考。

期望本系列教材的出版对加快推进自主知识体系、学科专业体系、教材教学体系建设具有积极的意义，有效促进我国人工智能与机器人技术的人才培养质量，加快推动人工智能技术应用于智能制造、智慧能源等领域，提高产品的自动化、数字化、网络化和智能化水平，从而多方位提升中国新一代信息技术的核心竞争力。

中国工程院院士

2024 年 12 月

前言 PREFACE

随着生产力的不断进步，以及机电一体化技术、人工智能和自动化技术的迅猛发展，越来越多的工业机器人在航空、汽车制造、工业控制等领域得到了广泛应用。在当前市场环境下，机器人的应用场景日益多样化和复杂化，不同供应商和厂商生产的机器人和设备往往具有不同的硬件和软件接口，这给机器人系统的集成、管理和协作带来了巨大的挑战。为了解决这些问题，机器人中间件应运而生，成为连接和整合各类硬件、软件和服务的关键技术。

机器人中间件是机器人系统软件开发过程中，介于传统软件应用层和物理层之间的中间层软件，为底层硬件和上层应用搭建通信桥梁，它有面向事务处理、面向消息、面向对象以及面向服务四种类型。它通过抽象底层硬件设备，标准化了数据格式和功能接口，有效屏蔽了软硬件异构性，简化了机器人软件开发的流程，提升了机器人系统的可扩展性和通用性。开发人员可以利用标准接口快速开发功能组件，提升软件的可复用性和开发效率，显著降低了跨不同品牌机器人的开发成本。

本书共分为 8 章，涵盖机器人中间件概述、机器人中间件框架、设备服务化技术与应用、面向服务的中间件总线技术、集成 DDS 的中间件服务总线、总线上应用生态组件的设计、机器人云边端协同开发技术和基于机器人中间件的云边端应用开发实例。书中实例的命令代码均可自行下载，读者可扫描书中相应二维码观看实例讲解视频。每一章节都尽量避开烦琐的理论知识，从实际应用出发，探讨相关技术原理、典型应用场景和实际案例并布置有实操习题，旨在帮助读者全面理解和掌握机器人中间件的关键技术。

在本书的编写过程中，主编张小刚、齐乐承担全书的总体规划与统筹协调工作。为确保教材质量，本书采取分层负责制：王绍源负责第 1～3 章的结构规划与审定，边耐政负责第 4、5、7 章的结构规划与审定，齐乐负责第 6、8 章的结构规划与审定。

在具体编写环节，陈华编写第 1、2 章，张雷编写第 3、4 章，方遒编写第 5 章，马韬编写第 6、7 章，王鼎湘编写第 8 章。在教材编写过程中编者始终秉持严谨治学的态度，力求准确、系统地呈现学科前沿成果，但由于水平有限，书中难免存在一些错误与不足之处，恳请广大读者不吝赐教，以期在后续版次中修改完善。

本书在编写过程中，学习和参考了书中所列参考文献中的相关内容，特向文献的所有作者表示深深的谢意。

编 者

目 录

序
前言

第 1 章　机器人中间件概述 ··· 1
1.1　机器人中间件的定义与作用 ··· 1
1.2　发展历程与现状分析 ·· 7
1.3　面向服务的工业中间件 ·· 8
1.4　机器人中间件面临的挑战 ··· 12

第 2 章　机器人中间件框架 ··· 13
2.1　机器人中间件框架简介 ·· 13
2.2　机器人中间件关键技术 ·· 16
2.3　机器人中间件元数据简介 ··· 24
2.4　RDCS 开发部署规范 ·· 27
2.5　本章习题 ·· 33

第 3 章　设备服务化技术与应用 ··· 34
3.1　机器人系统及服务化介绍 ··· 34
3.2　设备服务化封装技术 ·· 39
3.3　设备服务化封装示例 ·· 48
3.4　本章习题 ·· 51

第 4 章　面向服务的中间件总线技术 ·· 52
4.1　SOA 与服务总线简介 ··· 53
4.2　服务总线功能 ·· 55
4.3　Apache Camel ·· 58
4.4　Apache Camel 扩展 ·· 61

4.5 本章习题 … 69

第 5 章 集成 DDS 的中间件服务总线 … 71
5.1 DDS 简介 … 72
5.2 主题发布与订阅 … 75
5.3 服务总线与 DDS 集成 … 77
5.4 本章习题 … 83

第 6 章 总线上应用生态组件的设计 … 85
6.1 应用组件开发 … 85
6.2 通用组件开发 … 107
6.3 组件测试与验证 … 115
6.4 本章习题 … 121

第 7 章 机器人云边端协同开发技术 … 122
7.1 云端服务设计和开发 … 122
7.2 云端服务编排 … 128
7.3 云边端集成 … 132
7.4 本章习题 … 136

第 8 章 基于机器人中间件的云边端应用开发实例 … 137
8.1 多机器人协同焊接 … 137
8.2 爬壁机器人远程客户端作业 … 147
8.3 ROS AGV 控制 … 153
8.4 视觉驱动的多机协同分拣 … 159
8.5 本章习题 … 166

参考文献 … 168

第 1 章　机器人中间件概述

随着人工智能技术的发展，工业机器人正逐渐在航空、汽车制造、工业控制等领域得到广泛应用。机器人中间件（Robot Middleware）是一类位于机器人操作系统和上层应用程序中间的软件。它提供了一种通用的、跨平台的方式来屏蔽复杂的机器人底层实现，从而促进各个模块和组件之间的通信和交互。中间件技术是机器人开放式控制系统的设计关键，建立一套兼具模块化、易复用、互操作和可拓展的中间件架构，是开发高内聚、低耦合、适配灵活、运行可靠的机器人系统的关键工业软件技术。

1.1　机器人中间件的定义与作用

1.1.1　机器人中间件基本概念

工业机器人中间件是解决数据孤岛，实现资源共享的核心技术手段。计算机网络的迅猛发展以及工业 4.0 智能制造的快速推进，使图像识别、深度学习、边缘计算等功能被广泛运用在智能工厂，但传统的机器人设备局限于封闭式体系结构，难以在有限设备情况下共享实现机器人各种功能组件，难以满足工业机器人日渐增长的智能化需求。同时，机器人的种类、品牌、操作模式逐渐趋于多元化，软硬件结构异构特征更加明显，业务中实时控制和通信的需求也逐渐增加。由于不同机器人硬件结构不同、开发语言各异、通信协议不统一，不同品牌设备之间难以实现高效数据传输和通信，形成了以品牌开发商为中心的机器人系统信息孤岛。同时复杂的分布式工业系统对不同任务、不同物理环境提出了不同的需求，开发者需要根据实际情况对业务中使用到的机器人进行调整，部署定制化现场总线，导致了工业软件开发成本高昂、扩展性弱等问题。

机器人中间件是建立开放式控制系统的基础，它是介于传统软件应用层和物理层之间的中间层软件，为底层硬件和上层应用搭建通信桥梁，实现模块化敏捷开发。机器人中间件通过对底层硬件设备进行抽象，分析并归纳出具有相同数据特征的数据类别与具有相同功能的功能接口，实现对底层设备和机器人编程环境的软硬件异构性屏蔽。通过提供标准化数据格式和功能接口，开发人员能够实现功能组件的敏捷开发，简化软件设计流程，提高组件的利用率，降低开发难度。机器人中间件极大地提升了机器人软件的可扩展性，相比较于传统机器人软件需要针对不同品牌机器人进行定制化设计，引入机器人中间件可以开发单个软件兼容多种异构机器人，极大地降低了开发成本，提高了通用性。

兼顾实时性和开放性是机器人中间件的核心功能特点。多机器人分布式控制系统涉及路径规划、运动控制、目标识别、状态检测等多种服务功能，是典型的分布式实时异构系统。分布式实时系统对于数据传输及服务调用实时性和可靠性要求很高，因此机器人系统需要保证低延时数据传输。机器人系统常涉及多种组件、算法的灵活配置与调用，需要集成高可靠、高可扩展、灵活配置的服务框架，同时提高组件算法的复用性，降低开发难度与成本。因此亟待研究如何打破由于异构系统导致的信息孤岛，研究提高信息通信效率，实现不同场景下多个功能模块的快速集成的方法，研究能够实现分布式系统实时调用的软件架构。通过实现多机器人任务的快速部署和多功能模块的敏捷调用，减少机器人应用开发的时间成本，降低功能与设备的耦合程度，促进生产效率的提高。

中间件在不同领域中的具体实现有所不同，大致可以划分为四类：面向事务处理的中间件、面向消息的中间件、面向对象的中间件以及面向服务的中间件。根据实际场景需求，中间件软件设计过程中会采用不同类型技术。

1. 面向事务处理的中间件

面向事务处理的中间件是指通过对系统中共享的资源和服务进行调配，实现并发控制、资源调度管理、安全管理及负载均衡等管理。面向事务处理的中间件管理本地事务和分布式事务，其中本地事务局限于对资源的访问和管理，已经有大量成熟数据库支撑。分布式事务则要求数据库在多个节点满足 ACID（原子性、一致性、隔离性、持久性）四个特性。面向事务处理的中间件扩展性高、可靠性强，在互联网零售、电信、票务管理系统等业务中拥有大量商业化实现。

X/Open DTP 模型（Distributed Transaction Processing）是一个分布式事务处理模型，它由 X/Open 组织（现为 The Open Group 的一部分）定义。X/Open DTP 模型为实现分布式事务提供了一个标准框架，确保了不同厂商的分布式事务处理系统能够互操作。该模型主要由四个组件组成：应用程序（Application Program，AP）、事务管理器（Transaction Manager，TM）、资源管理器（Resource Manager，RM）和通信资源管理器（Communication Resource Manager，CRM）。图1-1所示是该模型定义的两阶段提交模型，涉及两类节点：协调者和事务参与者。两个阶段分别为准备阶段（也称为投票阶段）和提交阶段（也称为执行阶段）。在事务处理过程中，首先进行请求处理（Commit-Request Phase），协调者向参与者发送请求，询问是否能够执行事务，并等待响应。获得授权后进入投票阶段，参与者将自己的决策返回给协调者，进行同意或取消的表决。事务处理的第二阶段是提交阶段（Commit Phase）。在此阶段，协调者汇总投票结果，做出最终决策并执行。如果所有参与者同意，则事务提交；否则，事务取消。

2. 面向消息的中间件

面向消息的中间件（Message-Oriented Middleware，MOM）适用于需要松耦合的组件管理和通信的场景。它能够通过 API 实现应用程序之间的通信，使得各个组件可以独立运作，同时保持相互之间的协调与数据交换。MOM 可以提供同步或者异步的传输方式，并且可以很好地屏蔽不同操作系统以及编程语言导致的异构性。目前有许多成熟的解决方案，如 ZeroMQ、JMS、Apollo、DDS 等，大多数 MOM 都基于消息队列、发布订阅模式等实现方式。

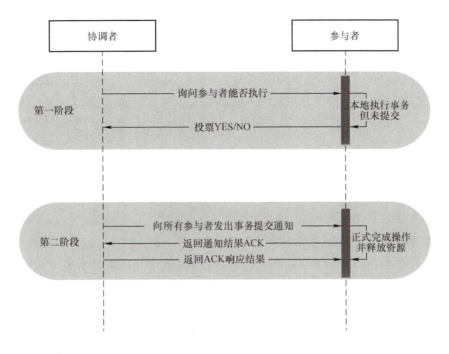

图 1-1 两阶段提交模型

基于消息队列的 MOM，能够提供同步和异步的消息发送与接收。在消息队列模型中（见图 1-2），参与者可以分为生产者和消费者两种通信角色。生产者只需将消息传递给消息队列，消息队列则负责维护所有的消息直到消息过期或者被消费。消费者通过提供的 API 接口从消息队列中接收消息，被消费的消息从队列中剔除。

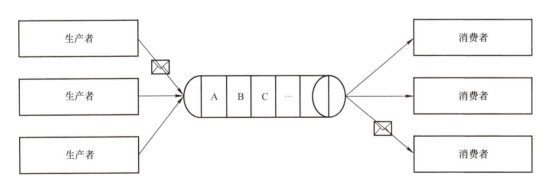

图 1-2 消息队列模型

基于发布订阅模式的消息队列模型如图 1-3 所示，这种模式通过主题（Topic）来实现消息类型的划分，多个消费者可以订阅同一个 Topic 或者不同的 Topic，订阅相同 Topic 的消费者能够获得相同消息。中间件会统一管理消息订阅发布，维护消息传输的可靠性。通过发布-订阅模式的消息队列，实现了发送节点和接收节点的解耦合和去中心化，使各节点能够专注于消息的发送和接收，而不必关心其他节点的位置问题。

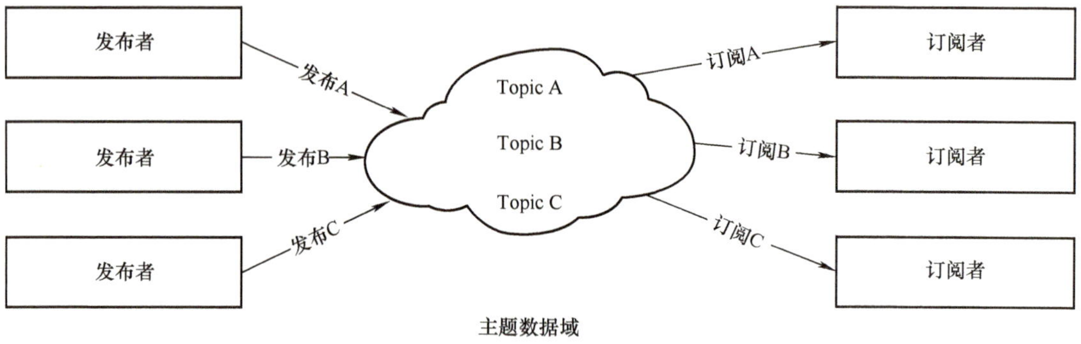

图 1-3　基于发布订阅模式的消息队列模型

3. 面向对象的中间件

面向对象的中间件同样支持同步、异步的消息传递方式以及与操作系统无关的接口，能同时适应多个平台并支持多种编程语言。面向对象的中间件大部分基于公共对象请求代理体系结构（Common Object Request Broker Architecture，CORBA）或 Java 企业组件（Enterprise Java Beans，EJB）设计。

CORBA 模型包含三个重要部分，分别是对象请求代理（Object Request Broker，ORB）、接口定义语言 IDL 以及标准通信协议，如图 1-4 所示。CORBA 通过 IDL 实现接口的抽象，基于 ORB 在分布式环境下实现透明收发信息。

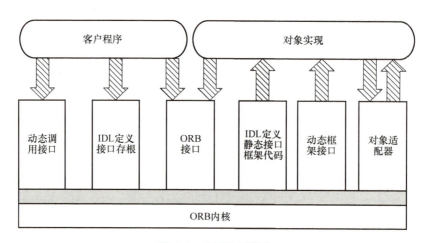

图 1-4　CORBA 模型

EJB 是非常流行的开发和部署面向对象的 Java 分布式应用系统的体系架构。采用 EJB 模型进行分布式应用系统开发具有较好的移植性，通过更换容器即可快速部署在分布式节点上。EJB 主要包括会话组件、实体组件、消息驱动组件，通过三个组件实现业务逻辑到程序逻辑及数据库逻辑的转换。

4. 面向服务的中间件

服务通常被定义为具有特定功能、能够完成特定任务的独立软件单元。通过合理设计的中间件架构，实现了服务的重用、编排和管理等功能。因此，面向服务的中间件（Service-Oriented Architecture，SOA）近些年得到广泛关注。它将服务作为核心，通过标准化的接口和协议实现服务的互操作性和可组合性。在实现形式上，有两种方式，一种是基于企业服务总线（Enterprise Service Bus，ESB）的，另一种是基于远程过程调用（Remote Procedure Call，RPC）的。

在基于企业服务总线实现架构中（见图 1-5），主要有三种角色，分别是服务提供者、服务代理、服务消费者。其中服务提供者提供服务并将服务描述信息上载到服务总线，服务总线管理服务信息并提供查询服务。服务消费者通过服务代理获取服务关键信息，然后向服务提供者进行请求，实现服务的请求调用。

在基于 RPC 的架构中，RPC 由服务提供者和服务消费者组成，分别存在于服务端和客户端（见图 1-6），并通过注册中心和其他功能模块进行交互。与 SOA 不同的是，RPC 没有采用总线的方式针对分布式应用及组件进行统一服务管理的服务代理，而是直接由服务提供者和服务消费者进行服务请求调用。目前广泛使用的基于 RPC 技术框架的中间件有 Dubbo、Finagle、Thrift 等。

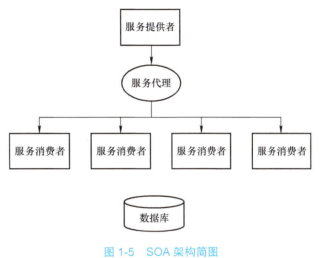

图 1-5　SOA 架构简图

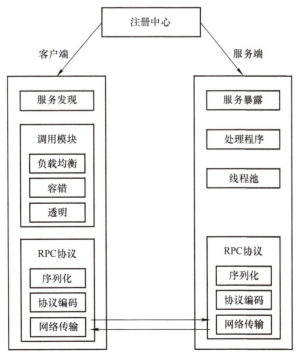

图 1-6　RPC 模型

1.1.2 机器人中间件基本功能

机器人中间件通过定义标准化封装规范，将异构软硬件资源统一抽象在相同的开发和运行环境，从而简化了机器人应用的开发、集成和维护。机器人中间件一般具有如下功能：

1. 硬件抽象

硬件抽象是机器人中间件的重要功能之一。其主要目的是屏蔽底层硬件的细节，为上层软件提供统一的接口和抽象层。通过硬件抽象，开发人员可以更轻松地编写与硬件无关的代码，从而提高软件的可移植性和模块化程度。具体功能包括为机器人的各种传感器、执行器和其他硬件设备提供标准化接口，使上层应用程序无须直接处理特定硬件的细节。例如，针对机器人上不同型号的摄像头，可以提供统一的图像采集接口，而无须考虑摄像头的具体型号和驱动方式。提供设备驱动封装，通过标准化的 API（应用程序接口）提供访问硬件的方法，实现与硬件交互，而无须了解具体的驱动实现，此外，硬件抽象层还可以支持仿真器，通过提供与真实硬件相同的接口，使得开发者可以在仿真环境中进行开发和测试，缩短开发周期。由于硬件抽象的上述功能，使得中间件设计实现了独立性和模块化设计，上层应用代码可以在不同硬件平台上运行而无须修改。例如，一个控制算法可以在不同型号的机器人上运行，只需更换底层硬件抽象层的实现即可。同时，模块化设计让各个硬件模块可以独立开发和测试，不同硬件模块可以通过统一的抽象层进行集成，从而提高系统的灵活性和可维护性。

2. 通信基础设施

机器人中间件的通信基础设施通过提供标准化的通信协议、通信模式和管理机制，确保机器人系统内部和外部各组件之间能够高效、可靠地进行数据交换。由于这些设施的存在，大大简化了复杂机器人系统的开发和维护工作，提高了系统的灵活性和扩展性。无论是单个机器人还是分布式多机器人系统，这些通信基础设施都是其稳定运行和高效工作的基础。通信基础设施的主要组成部分包括通信和数据传输协议、通信模式、名字服务、数据流管理等。

3. 服务化架构

在服务化架构中，机器人系统被拆分为多个独立的服务。这是一种软件设计方法，通过将应用程序划分为多个独立、可部署的服务，并通过网络协议进行通信。这种服务化架构能够有效提升机器人中间件灵活性、可扩展性和可维护性方面优势。服务化架构的机器人中间件利用了服务注册与发现机制，使得服务能够自我注册并被其他服务发现，从而实现动态的服务交互。同时，消息传递系统确保了服务间的信息能够高效传递，而服务网格则提供了负载均衡和故障恢复等基础设施支持，进一步增强了服务间的交互能力。此外，API 网关作为服务的统一接入点，负责处理外部请求并将其正确路由到后端服务。这种设计模式通过减少服务间的耦合，使得机器人系统能够更加灵活地应对变化，无论是在单个机器人还是在多机器人协同工作的场景中，都能从中获益。

4. 任务调度和执行

任务调度和执行是机器人中间件的核心功能之一，对于保障机器人系统高效稳定地运行至关重要。任务调度包括任务规划、任务分配、优先级管理等功能,任务执行包括任务执行方式选择、任务状态跟踪等功能,其中任务执行方式分为同步执行、异步执行。在任务调度中,首先需要根据任务的紧迫性和重要性来安排其执行的先后顺序,并将任务指派给合适的执行单元,然后跟踪任务的状态并进行相应处理,如记录任务日志,提供任务创建、暂停、恢复和取消等操作接口。任务调度的顺序可以通过静态调度和动态调度两种方法来确定。静态调度在系统初始化时就确定所有任务的执行顺序和时间,适用于任务执行时间和资源可以预见的场景,动态调度是在系统运行时动态调整任务的执行顺序和时间,适应变化的任务需求和系统状态。

5. 安全性与可靠性

在机器人系统中,安全性和可靠性是保障其在复杂环境下稳定运行的性能。安全性主要涉及数据保护、访问权限管理和通信加密等方面。为了提高机器人系统的安全性,需要中间件能够提供诸如身份验证(身份验证:通过用户名和密码、多因素认证或公钥基础设施等方法来验证用户或设备的身份)、访问控制(根据用户角色分配相应的权限,并为系统资源设定访问权限列表,以控制用户和设备的访问权限)、数据加密(在数据传输和存储过程中应用加密技术,防止未授权访问和数据篡改,确保数据安全)以及安全审计(记录系统活动日志,监控和审计系统中的安全事件,实现方法是记录系统的所有重要操作和事件,定期分析日志,检测异常活动和潜在威胁)等功能。而可靠性则侧重于系统的容错能力、故障恢复机制和整体稳定性,一般包括良好的容错机制(在系统遇到故障时能够自动恢复,减少停机时间)、快速故障恢复(提供快速的故障检测和恢复流程,确保系统能够迅速恢复正常运作)等。

6. 模块化设计与可扩展性

机器人中间件的模块化设计和可扩展性是确保系统能够灵活、高效地应对各种应用需求和环境变化的关键。模块化设计使系统各部分能够独立开发、测试和维护,同时确保系统能够轻松添加新功能或优化现有功能,支持组件的灵活扩展和替换。因此,为了保证机器人中间件优异的模块化特点,在设计时需注意以下几点:一是每个模块独立完成特定功能,模块之间通过明确的接口进行交互;二是模块设计尽量通用,便于在不同项目中使用;三是具有可替换性,方便升级或替换,而不影响其他模块的运行。在设计时需要定义清晰的接口,保证模块之间的标准化通信,同时将系统划分为不同层次,每层实现特定的功能。减少模块之间的依赖关系,增加系统的灵活性,能够方便地增加新功能或扩展现有功能,满足不断变化的需求,保持系统的一致性和稳定性,在系统扩展后仍保持易于维护和管理。

1.2 发展历程与现状分析

在早期的机器人开发中,通信和数据交换往往是由开发人员自行实现,缺乏统一的标准和框架,导致开发效率低下,系统集成困难。机器人中间件系统最早的发明和概念化主要出现在20世纪80年代到90年代,这一时期的中间件系统主要用于专用工业应用。早期的机器人系统通常是为特定的机器人项目设计的,缺乏通用性和标准化,且高度依赖具体硬件。代表性的系统包括专用的工业机器人控制系统，如由通用电气公司开发，主要用于工业机器人的 KAREL。

为了应对功能不断丰富的机器人应用，机器人中间件应运而生，通过将底层异构的机器人接口抽象为统一的通信接口和数据交换机制来实现灵活高效的开发。20 世纪 90 年代，早期的机器人中间件开始出现，典型的有 Player/Stage 和 CARMEN（Carnegie Mellon Navigation Toolkit），这些系统引入模块化的思想，提供了统一的硬件抽象和通信管理功能。

随后在 21 世纪初，涌现出大量的机器人中间件，如 YARP、Orocos、Miro、ROS 等。其中 ROS 最具有代表性，它是 Willow Garage 公司与斯坦福大学合作开发的开源机器人系统，其提供了一整套用于构建机器人软件的算法资源包，目标是简化在各种平台上创建机器人应用程序工作，是目前应用最广泛的机器人中间件之一，拥有庞大的社区和丰富的生态系统。由于 ROS 优异的性能，科研人员更多关注于如何改进 ROS 的开放性与稳定性方法，如开发人员引入了 DDS 作为底层通信库，以取代 ROS1.0 中基于 TCP 的通信，从而显著提高了系统通信的稳健性，在后面章节中会详细介绍。

上述 ROS 实际上是一种元操作系统中间件，即运行在 Linux 等嵌入式操作系统上的一层基础软件，能够提供机器人运行及高级功能实现所需的软件环境。另一方面，从通信角度来讲，如何解决异构机器人之间通信的问题也发展出多种中间件技术产品。主流的技术包括 UPnP、CORBA 等。UPnP（通用即插即用）是一种网络协议，它允许设备在没有手动配置的情况下自动发现和通信，以其跨平台兼容性、设备间的低耦合度和易扩展性而著称。韩国科技研究所（KIST）也成功开发并部署了基于 UPnP 的机器人中间件。但是 UPnP 本身是有一定缺陷的，主要体现在安全性存在问题，UPnP 的自动端口映射功能，如果没有得到适当的保护，可能会被恶意软件利用来绕过防火墙，侵入网络，因此在很多路由网关中禁止 UPnP 消息转发导致机器人服务难以跨网关发现与交互。CORBA（Common Object Request Broker Architecture，公共对象请求代理体系结构）则是 OMG 组织制定的一种面向对象的中间件，用于不同计算机之间的通信。在一个典型的 CORBA 应用中，主要有三个关键部分，分别是接口描述语言（Interface Definition Language，IDL）、对象请求代理（Object Request Broker，ORB）和网络 ORB 交换协议（General Inter-ORB Protocol，GIOP），分别对应定义对象接口形式，负责客户端和服务端之间的请求与响应，以及定义对象请求在网络上传输的格式与规则。基于 CORBA 的知名通信中间件有 Miro、RT-Middleware 等主流的 CORBA 中间件，虽然集成性、扩展性较好，但其 IDL 客户存根难以动态加载，无法做到热插拔，存在耦合度较高以及系统扩展性、组件复用能力较差的问题。SOA 架构作为一种更加良好的模式，逐渐得到业界的关注。

1.3　面向服务的工业中间件

1.3.1　面向服务架构的发展

面向服务架构（SOA）是一个由 Gartner 集团于 1996 年提出的创新模型，其核心在于将企业功能细分并封装为独立服务单元，从而易于通过编排构建复杂应用。SOA 的设计理念强调了硬件、操作系统和编程语言的独立性，促进了异构服务之间的无缝交互。

历经二十多年的发展，SOA 已经成为软件领域一项重要的标准。SOA 的提出起始于 2006 年，OASIS 组织首先提出 SOA 的核心概念并推出了 SOA 参考模型，随后该模型迅速成为业界标准。在随后标准化进程中，W3C 组织和 OASIS 组织分别制定了 SOAP、WSDL 以及 UDDI、WS-BPEL、WS-Security 等关键标准，为 SOA 架构的实现提供了规范基础。在此基础上，BEA、IBM、Oracle 等领先软件供应商进一步发展了 SDO（服务数据对象）和 SCA（服务组件架构）等规范，推动了基于 SOA 架构的软件产品创新，如 IBM 的 WebSphere 和 Oracle 的 OracleSOA Suite。

企业服务总线（ESB）是 SOA 架构的关键实现组件，也一直是业界关注的焦点。目前，ESB 主要遵循两种规范：SUN 公司发布的 JBI（Java Business Integration）和 IBM 推动的 SCA 规范。JBI 规范专注于服务端的实现，而 SCA 则侧重于客户端的实现。基于这些规范，市场上涌现了众多成熟的商业和开源 ESB 产品，例如，Oracle 的 Oracle Service Bus、IBM 的 WebSphere Enterprise Service Bus，以及开源的 MuleESB、ApacheServiceMix、JBossESB、UltraESB 和 WSO2ESB 等。

轻量化 SOA 架构的研究也在学术界逐渐受到重视。Jaime Ryan 提出使用 SOA 网关替代传统 ESB，这种网关最初专注于安全性，但随着时间的推移，其功能已经扩展到支持协议转换等。此外，研究者们提出了使用固定长度和霍夫曼编码来优化 XML 消息的传输，以及基于 .net 框架的运行时压缩技术来提高 SOAP 消息的处理效率。

随着 JSON 格式的流行，JavaEE 规范在 6.0 版本中引入了 JAX-RS 技术，这是一种用于创建 RESTful Web 服务的 Java API，它使用 JSON 作为数据传输格式。与基于 XML 的 SOAP 协议相比，JSON 因其较低的数据冗余而具有更高的传输效率。然而，JAX-RS 与 JAX-WS 在设计理念上存在差异，前者以资源为中心，后者以动作为中心，且 JSON 的自描述性相对较弱，因此 JAX-RS 并不能完全取代 JAX-WS。

在数据传输方面，另一种趋势是使用二进制数据代替格式化字符串，通过序列化技术在服务提供者端进行反序列化。目前，有多种序列化框架如 Hessian、Protocol Buffers、Thrift、Kryo 等，JDK 也提供了对实现 java.io.Serializable 接口类的序列化支持，但是其效率较低。

国内在 SOA 架构产品开发方面也取得了显著成就。例如，阿里巴巴集团开发的 Dubbo 框架，以其高性能和轻量级特性，已被广泛应用于多个企业，并成为 Apache 基金会的顶级项目。此外，蚂蚁金服开源的 SOFA 框架以其金融级的特性和高可伸缩性、高容错性而受到认可。在 ESB 领域，东方通公司的 TongESB 和普元公司（全称为"普元信息技术股份有限公司"）的 PrimetonESB 均展现出高性能和高可靠性的特点。

在机器人中间件领域，国内也取得了一系列成果。湖南大学与中国船舶 716 所合作开发了一套面向服务的工业机器人中间件软件，为开放式控制系统架构的建立提供了支持。山东大学的杜中栋等人基于 UPnP 中间件技术，设计并实现了服务机器人智能空间软件平台。

1.3.2 机器人服务化概念

机器人服务化（Robotics as a Service，RaaS）是一种新兴的业务模式，它通过封装和接口化的方式，将机器人系统的功能以服务方式提供给用户或其他系统。这种模式使得用户能够按需访问和使用机器人技术，实现更灵活、可扩展的应用。此外，RaaS 这种开放式的交互模式，可以快速与云计算、物联网和人工智能等技术集成融合，为用户提供了灵活、可扩展且高效的解决方案。它显著降低了企业和用户的初始投资和维护成本，推动了机器人技术的广泛应用。

1.3.3　机器人服务化特点

机器人中间件在机器人技术中扮演着关键的角色，帮助开发人员简化开发流程、提高系统灵活性和可维护性，从而加速机器人技术的发展和应用。

1. 简化开发

机器人中间件提供了一种标准化的方式来实现机器人系统的各个模块之间的通信，简化了开发过程，降低了开发成本和复杂度。机器人服务化通过定义统一的接口，使不同模块之间的交互和集成更加简单，从而提高机器人应用开发、测试和部署效率。

2. 提高可重用性

基于服务化的理念，机器人功能被划分为独立的模块或服务。每个模块负责特定的功能，如目标识别、机器人移动、抓手拾取等功能。通过模块化设计，开发人员可以专注于开发单个模块，使不同的机器人系统可以共享和重用部分代码和功能，而不必关注整个机器人系统的复杂性。这样可以避免业务开发者陷于繁杂的底层适配工作，提高代码的可重用性和维护性。

3. 增强灵活性

中间件使机器人系统更具灵活性，可以轻松地扩展和替换系统中的组件，适应不同的任务需求和环境条件。由于每个功能模块作为一个标准化的可以通过网络访问的服务，开发人员可以根据需求选择需要的服务进行灵活集成，而不必从头开始开发整个机器人系统。这样可以加快开发速度，提高系统的灵活性。

4. 实现跨平台兼容性

机器人中间件通常具有跨平台的特性，可以在不同类型的硬件和操作系统上运行，实现机器人系统的跨平台兼容性。机器人服务化鼓励采用开放的标准和协议。例如，使用 ROS 作为机器人中间件，它提供了一套标准化的接口和通信机制，简化了不同模块之间的集成，并且采用开放标准和协议可以促进厂商和开发者之间的合作，提高开发效率和互操作性。

5. 提高系统稳定性

通过提供统一的通信接口和数据交换机制，中间件有助于减少通信错误和数据丢失，提高机器人系统数据传输与存储的稳定性和可靠性。将机器人中间件作为服务化组件，当中间件的某个模块或服务出现故障时，通过实现故障隔离和容错机制，其他模块或服务可以继续运行，而不会受到单个模块故障的影响，整个系统可以通过合理的设计和架构保持稳定运行。同时机器人中间件服务化可以实现监控和自愈功能，通过监控中间件的各个模块或服务的状态和性能指标，可以及时发现异常情况并采取相应的措施。例如，当某个模块出现故障或性能下降时，可以自动进行故障恢复或重启操作，以保障系统的稳定运行。

1.3.4 机器人服务化步骤

1. 确定功能范围

首先，明确机器人系统需要提供的功能和服务范围，包括基本功能和可选功能，以及与其他系统或用户的交互方式。根据用户需求，需要确定哪些功能模块需要进行服务化，并考虑如何提升用户体验和价值。如运动、图像处理和语音交互等功能模块可以作为服务化的范围。同时，还需评估机器人系统的架构和技术栈，以确定其是否支持服务化需求，确保组件之间的互操作性。此外，还需要考虑业务扩展的可能性，确定机器人系统是否需要支持新功能模块或服务，并在服务化设计中预留扩展空间，以更好地适应未来需求和业务发展。

2. 定义接口

设计清晰的接口和通信协议，包括内部模块间的接口和与外部系统或用户之间的接口，以确保不同组件间能够互相通信和协作。首先，列出所有功能，将机器人需要完成的任务和操作进行分类和细分，形成一个全面的功能清单，从中识别出关键和核心功能。这些功能通常是机器人系统的基础，对实现整体目标至关重要。将功能清单中的功能划分为独立模块，根据功能间的关联性和依赖关系，进行逻辑划分，形成不同模块，并为每个模块定义明确的边界。考虑功能模块间的输入和输出，确定数据交互和接口定义，确保模块职责清晰，尽量降低模块间的耦合度。

3. 实现与测试服务化组件

根据定义的接口和协议，实现每个模块或服务的具体功能，确保每个模块能够独立运行并提供相应的功能和服务。然后，通过接口测试验证不同模块间的数据传输和功能调用是否正确。根据测试结果，优化系统性能，包括算法优化、资源管理和通信优化等。

4. 部署发布

将机器人服务化功能部署到实际环境中，包括部署环境准备、配置参数设置、发布步骤等，确保系统能够顺利上线并正常运行。首先是环境参数配置，选择和配置合适的操作系统，确保兼容所需要的中间件和应用；其次，配置依赖库和工具，以及网络环境，确保能够与其他设备通信。最后将开发好的机器人应用按照部署规范部署在目标节点下，构建服务描述文件，随后节点控制程序将自动完成应用的启动、停止。

5. 监控维护

建立监控系统，实时监测机器人系统的运行状态。资源监控包括机器人本体 CPU、内存、磁盘和网络等资源的使用情况，以防止遇到资源瓶颈。服务健康监控则监控各个服务的运行状态，确保服务正常运行。性能指标监控关注系统的关键性能指标，如响应时间、处理速度和吞吐量等，并记录系统运行中的重要事件和错误信息，以便排查问题和优化系统。设备监控主要是对相邻的机器人姿态的实时监控，避免碰撞危险的发生。日志收集包括系统和应用产生的日志，如错误日志、访问日志和操作日志等，以便历史追溯和分析，及时检测系统故障并自动恢复运行，确保系统的高可用性。

1.4 机器人中间件面临的挑战

随着机器人应用领域的不断拓展和机器人系统的复杂化，机器人中间件也面临一些挑战。第一点是实时性与高性能要求，机器人系统常常需要在毫秒级别内做出决策，确保低延迟和高吞吐量对于实时控制至关重要，但嵌入式系统和边缘设备通常具有有限的计算资源和电池寿命。第二点是安全性需求，机器人系统可能成为网络攻击的目标，安全漏洞可能导致数据泄露甚至是系统瘫痪，必须确保系统在发生故障时能够快速发现快速恢复，并保证关键任务不中断。第三点是标准化和互操作性，多机器人协作是一个巨大的难题，不同的机器人中间件系统可能使用不同的通信协议和数据格式，需要不断进行技术创新和优化，最后是开发和维护复杂性，机器人系统的开发需要掌握多种技能，包括编程、硬件集成和算法设计，开发过程复杂且耗时，并且确保系统在复杂环境中部署后的可维护性和可升级性。尽管现代机器人中间件面临许多挑战，但通过采用高效的调度算法、硬件加速、加密通信、冗余设计、模块化设计和持续集成等策略，可以有效应对这些挑战。

第 2 章 机器人中间件框架

2.1 机器人中间件框架简介

机器人中间件在实时通信、数据处理、设备接口、模块化设计、跨平台兼容性等方面提供了丰富的功能支撑，为机器人整合多源异构信息物理资源，实现模块化敏捷开发奠定了良好基础。这一章主要讲解目前普遍使用的几种框架，包括 ROS（Robot Operating System，机器人操作系统）、MOOS（Mission Oriented Operating Suite，任务导向操作套件）、Orocos（Open Robot Control Software，开放机器人控制软件）和 YARP（Yet Another Robot Platform，又一个机器人平台）等。

2.1.1 ROS 框架

ROS 是一款专为机器人设计的开源操作系统框架，旨在提高机器人研发中的代码复用率。它提供了节点间消息传递、包管理、编译工具链、底层设备控制以及硬件抽象等服务。除此之外，ROS 还配备了一系列必要工具和库，支持用户编写、获取、编译和在不同计算机间运行代码。ROS 采用基于 DDS 的分布式处理框架（Nodes），实现了可执行文件的独立设计和松散耦合运行。其主要特点包括：

1. 点对点设计

一个分布式 ROS 系统是由多个位于不同设备节点的进程组成的，并通过 ROS 提供的话题、服务、动作等协议进行通信。这种分布式架构能够很好地解耦设备模块，并且可以分散计算机视觉和语音识别等高算力需求模块带来的计算负载压力，如图 2-1 所示。

2. 多语言支持

机器人操作系统（ROS）被设计为一个与编程语言无关的框架，支持多种开发环境，包括 C++、Python、Java 等。其多语言支持通过提供多种语言的客户端库，使得不同的开发者能够根据个人习惯选择最适合的编程语言，从而提升开发效率。

ROS 的独特之处在于其消息通信层，而非更深层的系统架构。通过基于 XML-RPC 机制的节点间通信和配置管理，ROS 实现了跨语言的端到端连接。与传统的远程过程调用（RPC）框架所使用的接口定义语言（IDL）不同，ROS 采用了一种简洁的消息格式，允许消息在不同编程语言之间高效地进行序列化和反序列化，从而实现跨语言的互操作性。

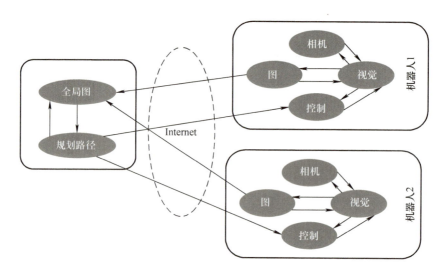

图 2-1　点对点设计图

2.1.2　MOOS 框架

MOOS 是一个开源的中间件框架，旨在支持自主系统的快速开发和集成。它主要应用于海洋机器人领域，但其通用性使其也适用于其他自主系统，如无人机和地面机器人。以 MOOS 数据库（MOOSDB）作为 MOOS 系统的核心，充当一个中央数据库，负责不同模块（称为 MOOS 应用程序）之间的数据交换。所有 MOOS 应用程序都通过向 MOOSDB 写入和读取数据来进行通信，如传感器数据采集、路径规划或控制算法。MOOS 作为一个强大的中间件框架，通过其模块化设计和高效的数据通信机制，为自主系统的开发提供了极大的便利。其开源性质和广阔的应用前景，使其成为自主系统开发的重要工具。

2.1.3　Orocos 框架

Orocos 是一个用 C++ 构建实时控制软件的框架，适用于开发机器或机器人的控制系统。Orocos 实时工具包提供了一个基础框架，能够快速开发可在实时操作系统（如 RTAI 和 Xenomai）上运行的应用，同时也兼容 Linux 系统。该工具包由以下几个部分组成：贝叶斯滤波库（Bayesian Filtering Library，BFL）、机器人运动学和动力学库（Kinematics Dynamics Library，KDL）、Orocos 组件库（Orocos Component Library，OCL）以及实时工具集（Real-Time Toolkit，RTT）。

BFL 为动态贝叶斯推理提供了一个独立于应用程序的框架，即基于递归信息处理估计算法贝叶斯规则，这些算法可以运行在实时服务之上，或者应用于运动学和动力学中的估计动态应用程序。OCL 中包含了所有的开发者贡献的开源的软件组件，都可以用作机器人控制软件，一个组件是一个或者多个拥有特定功能的应用，另外，OCL 还可以进行系统通信和数据交互等，给开发者带来了极大的便利。

RTT 允许应用程序设计人员构建高度可配置和交互式的基于组件的实时控制应用程序，允许组件在（实时）操作系统上运行，并提供实时脚本功能、组件通信和分发 API 以及 XML 配置。KDL 专注于机器人运动学和动力学的计算，提供各种工具和算法及运动学的实时动态约束计算，常被应用于机器人的建模、运动规划和控制，它包含向量和点的转换函数，可以在不同的坐标系之间进行转换。可以使用 KDL 求解器计算正运动学和逆运动学以及动力学等，并且支持从 XML 机器人描述文件（URDF）构造机器人，利用该框架，开发人员可以快速研究机器人的相关算法。

2.1.4　YARP 框架

YARP 是一种开源的自主无人操作系统，具有轻量级、跨平台等特点。它提供操作系统、硬件、机器人三个级别的配置，同时将组件分解为 YARP_OS、YARP_SIG、YARP_DEV，分别用于与操作系统、与常见信号处理端口、与机器人设备进行通信。同时 YARP 提供 yarplogger、yarpview、yarpscope 等图形化界面，对控制过程中的数据和图像进行监控。采用面向对象思想，YARP 将控制对象抽象为通道，减少通信延迟并提高 YARP 网络和选定通道的确定性，从而实现应用的模块化开发，促进代码复用。

2.1.5　RDCS 框架

机器人分布式控制系统中间件（Robot Distributed Control System，RDCS）是一种基于 SOA 架构和 DDS 实时通信协议的开放式工业机器人控制软件架构。该系统采用工业分布式控制理念，由实时服务总线和多节点控制站（包括操作员站和工程师站）组成，构建了一个完整的工业机器人云-边-端控制系统。其架构具有服务导向、实时性和模块化的特点，并提供分散控制、集中操作、分级管理、灵活配置以及便捷组态等多方面优势。

如图 2-2 所示为机器人分布式控制系统中间件应用整体框架，采用 RDCS 中间件搭建的工业机器人分布式控制系统有物理层、设备抽象层、服务层和应用层四层结构，前三层均可视为 RDCS 中间件范畴。在设备抽象层，底层异构设备按类型采用元数据进行统一抽象描述后，被封装成原子功能组件，然后组合这些原子功能组件形成各种设备服务，分布式接入服务总线。服务层的 RDCS 服务总线是分布式控制系统的核心，它按统一的接口和规范连接各种服务，在总线上各种异构设备提供的功能服务和不同编译环境下的算法服务以统一方式进行交互。采用 SOA 架构进行中间件设计具有天然的模块化和构件复用能力，大幅提高了系统的互操作和扩展性能力。

在服务层面，中间件结构具体由 RDCS 服务总线以及 RDCS 设备交互管理组件构成。RDCS 服务总线主要负责接入服务的管理、原子功能组件组合编排与调试等功能；RDCS 设备交互管理组件负责本地生产线设备的交互管理，与总线交互获取服务总线接入服务信息、总线对于原子功能组件的编排信息，实现服务的本地化编排运行，同时向服务总线反馈本地服务的运行情况，便于总线对服务进行管理。该中间件从工业机器人中间件的互操作、扩展性、模块化、构件复用等角度出发，具有服务可在线配置、服务的位置透明、灵活的流程配置等优势。

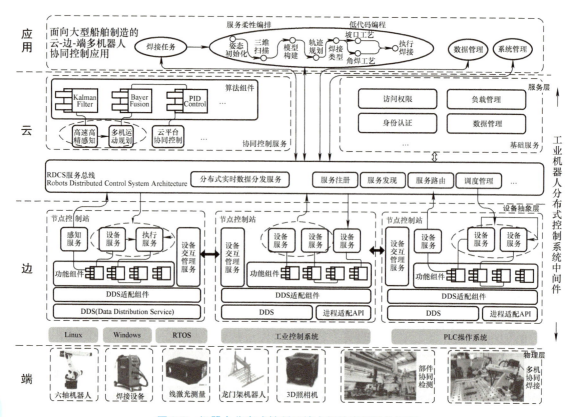

图 2-2 机器人分布式控制系统中间件应用整体框架

2.2 机器人中间件关键技术

机器人中间件关键技术涉及通信（所有通信接口）、传感（激光雷达、摄像头、惯性测量单元）、数据处理（图像处理和计算机视觉、传感器数据处理、机器学习和深度学习）、控制（路径规划和运动控制）以及安全性与可靠性。

2.2.1 通信技术

机器人中间件在实现不同组件和模块之间的通信时，通常会采用多种关键技术来确保高效、可靠的通信。

1. 发布/订阅（Publish/Subscribe）模型

发布/订阅模型是一种异步通信模式，其中消息的发布者（Publisher）和订阅者（Subscriber）通过主题（Topic）进行消息传递。发布者将消息发送到特定主题，而订阅者通过订阅该主题来接收消息。发布者负责将消息发布到一个或多个主题，而订阅者可以选择订阅一个或多个主题，以接收针对这些主题发布的消息，主题作为消息传递的中介，消息通过主题在发布者和订阅者之间传递，有时引入消息代理来管理主题和消息的传递，使消息能够确切地到达订阅者。由于发布者和订阅者不直接通信，只通过主题传递消息，减少了组件之间的耦合，并且支持异步消息传递，发布者不需要等待订阅者处理消息。发布/订阅模型被运用到机器人系统中的传感器数据发布和控制指令传递的消息中间件如 RabbitMQ、Apache Kafka。

2. 服务调用（Service Call）

服务调用是一种同步通信模式，其中客户端向服务器发送请求，服务器在处理完请求后返回结果。这种模式适用于需要即时响应的应用场景。服务描述定义了服务的接口及其调用方式，通常通过特定的通信协议（如 HTTP 或 gRPC）来传递请求和响应。在这种模式下，客户端能够迅速获得服务器的反馈，因此特别适合实时处理的需求。服务调用广泛应用于企业资源规划（ERP）、客户关系管理（CRM）等系统中，以实现不同模块之间的功能调用和数据交换。

3. 通用即插即用（Universal Plug and Play，UPnP）协议

Universal Plug and Play（UPnP）是一种由 UPnP 论坛制定的网络协议套件，旨在实现设备的自动化发现和连接，使设备可以无缝互操作。其主要组成部分包括设备发现协议、描述协议、控制协议、事件通知协议和呈现协议。UPnP 具有高度的互操作性和简易的配置特性。其中设备发现协议使设备能够在网络上自动发现彼此，无须用户手动干预。每当设备连接到网络时，设备发现协议会通知网络中的其他设备其存在，从而实现即插即用的功能。描述协议则用来提供设备的详细信息，如设备类型、提供的服务和设备能力等。控制协议定义了如何控制设备的操作，它使用 SOAP（简单对象访问协议）消息在控制点和设备之间进行通信，使得设备可以接收和执行来自其他设备的指令。事件通知协议允许设备实时发送状态变化的通知。呈现协议则负责设备之间的媒体呈现和控制。

尽管 UPnP 具有配置简易和互操作性强的优点，但是也是由于这种自动化的特性，其安全性方面也常受到质疑，经常被路由网关阻断消息的转发，在使用时用户不仅要确保网络 UPnP 使能，还需采取适当的安全措施以确保网络安全。

4. 公共对象请求代理体系结构（Common Object Request Broker Architecture，CORBA）

CORBA 是 OMG 组织制定的一种应用程序体系规范，主要包括接口描述语言 IDL、对象请求代理 ORB 和网络 ORB 交换协议 IIOP 三部分，具有优秀的跨平台、跨语言性。其中 IDL 是一种用于定义接口的语言，它描述了接口的方法和属性及其含义。IDL 编译器能够将 IDL 代码转换为应用程序中使用的特定编程语言代码。ORB 是 CORBA 系统的核心组件，负责处理对象的请求和响应。IIOP 是一种用于 ORB 间操作的协议，在分布式系统中起着通信的作用，它主要用于定义客户端与服务器之间数据交换的格式和规则，从而确保数据传输时的一致性。主流的 CORBA 中间件虽然集成性、扩展性较好，但其 IDL 客户存根难以动态加载，无法做到热插拔，存在拓展性、复用性差、耦合度高的缺点。

5. 数据分发服务（Data Distribution Service，DDS）技术

数据分发服务（Data Distribution Service，DDS）是一种以数据为中心的分布式传输协议。DDS 技术是由对象管理组织（OMG）制定的一种规范和接口标准。它基于发布/订阅通信模型，提供 20 余种 QoS 策略，从而提供延迟和可靠的数据通信、数据时效性保障、

历史数据缓存等功能，并且每个参与者都可以有自己的 QoS，能够灵活地满足复杂的数据交换需求。

如图 2-3 所示，DDS 的订阅 / 发布机制基于全局数据空间，即域（Domain）。域空间是 DCPS 模型的基本划分单元，通过一个唯一的域 ID 来区分。其他应用程序组件分布在同一域空间中的不同节点上，包括数据发布者（Publisher），它通过数据写入器（Data Writer）将数据发布到全局数据空间，并通过数据读取器（Data Reader）从全局数据空间发布数据。空间订阅和数据订阅者（订阅者）用于读取数据。数据发布者和数据订阅者只有在相同的域空间中、主题名称相互匹配、QoS 相互兼容时才能进行通信。

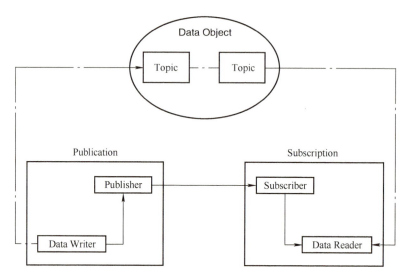

图 2-3　DDS 的概念结构

DDS 有两种常用的发现模式：信息仓库模式（Information Repository）和实时发布订阅协议（Real-Time Publish Subscribe Protocol，RTPS）点对点模式。

信息仓库模式是一种中心化的模式，信息仓库所在节点是可以独立运行的。发布者和订阅者启动后，首先需要在信息仓库中进行注册，通过读取信息仓库中其他节点的注册信息，就能够实现相互发现。数据通信过程也需要受信息仓库节点的控制。其优点是实现简单，缺点则是信息仓库节点容易成为分布式系统的单点瓶颈，因负载过大而崩溃，并且由于注册和数据通信过程都受信息仓库的控制，该节点一旦崩溃，会导致整个系统不可用。信息仓库模式的结构如图 2-4 所示。

RTPS 是一种点对点发现、去中心化的协议，用于在单播和多播中通过 UDP 等不可靠传输进行尽力而为的可靠发布，基于全局数据空间模型实现。在该模式中，各个节点都是对等的。RTPS 自动发现协议分为两个层次：参与者发现协议（Participant Discovery Protocol，PDP）和终端发现协议（Endpoint Discovery Protocol，EDP）。PDP 指定了参与者在自动发现对方和交换终端信息的方式。与这两个发现层次相对应，RTPS 协议的自动发现过程也可以分为两个阶段。在参与者发现阶段，当域中的参与者 A 被创建时，它将向同一域中的所有其他参与者发送组播消息。消息中包含了 A 的一些信息，如位置信息（如 IP 地址和端口号）、QoS 策略信息等。对于域中的另一个参与者 B，当它收到这条消息后，也会组播消息，从而实现双方参与者的互相发现；在终端发现阶段，参与者A、B会根据收到的消息中对方端点的信息，创建内置端点用于通信，互相单播交换实体信息，如Topic主题，然后进行匹配，如果匹配成功，就可以等待后续的数据通信流程。但是RTPS模式存在资源浪费的问题，这是因为各端点之间不一定互相感兴趣（即关注相同的Topic），但还是存在参与者发现和端点信息匹配的过程。因此，如果是一个较大规模的分布式环境，会有相当大数量的无用消息被创建和发送。

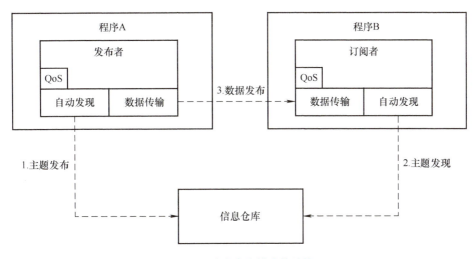

图2-4 信息仓库模式的结构

例如，在一个工业机器人加工车间，往往有数百乃至数千台机器人被部署在同一个局域网环境中，假设每台机器人的控制台都抽象为一个DDS服务，就会有数百个DDS参与者。参与者平均都要收发几千条消息，才能发现其他所有的参与者，在发现阶段的整个过程中消息传输量可达到几十万条。可见RTPS模式在发现阶段产生的消息量十分可观。

2.2.2 传感技术

机器人中间件能够将多种传感技术融合起来，从而赋予机器人感知环境、导航、躲避障碍物和执行任务的能力。以下是机器人中间件中广泛使用的一些传感技术及其应用示例。

激光探测与测距（LIDAR）技术是一种利用激光测量目标距离和轮廓的高精度传感方法。该技术通过发射激光脉冲和捕获反射光波来确定物体的相对位置和形状。激光雷达技术广泛应用于无人驾驶汽车、机器人导航、地形测绘和无人机等领域。LIDAR通过发射脉冲激光束，并测量激光返回到传感器的时间来计算距离，这一过程称为飞行时间测量（Time of Flight，ToF）。

激光雷达设备通过发射器发射激光束，并由探测器捕获被目标反射的激光信号。使用定时装置记录激光发射和返回之间的时间间隔，从而计算距离。此外，由电动机驱动的旋转机构使发射机和接收机向各个方向旋转，覆盖一定范围的角度（通常是360°），使激光雷达能够在全方位上发射激光脉冲并接收到反射信号，从而实现全方位的环境感知。

摄像头传感器是机器人中间件中重要的传感器之一，提供视觉感知能力，使机器人能够理解和解释周围环境。摄像头通过捕捉光线来生成图像或视频。在摄影和图像捕捉技术中，光通过透镜聚焦并投射到成像传感器上，如电荷耦合器件（CCD）或互补金属氧化物半导体（CMOS）。这些传感器能够将接收到的光波转换为电信号。随后，这些电信号经过一系列处理步骤，最终转换为人们熟悉的数字图像。摄像头通常输出图像数据，常见的格式包括 RGB、灰度图像、YUV 等。视频流则是连续的图像序列。摄像头传感器在机器人中间件中扮演着至关重要的角色，通过捕捉和处理视觉信息，使机器人能够感知、理解和与环境互动。无论是普通摄像头、深度摄像头、红外摄像头还是全景摄像头，它们在物体识别、视觉导航、手势识别和环境监控等应用中都有广泛的应用。在 ROS 和 YARP 等机器人中间件的支持下，摄像头传感器的数据可以方便地集成和处理，结合传统图像处理技术、机器学习和深度学习等技术，实现自动化、智能化的机器人应用。

惯性测量单元（Inertial Measurement Unit，IMU）是一种集成了多种传感器的设备，它能够对物体的三轴姿态角（或角速度）和加速度进行测量。IMU 主要由三个核心传感器构成：加速度计、陀螺仪和磁力计。它们共同工作以提供精确的运动数据。加速度计基于物理学的惯性原理，当物体加速时，内部的质量块会偏移，通过检测这种偏移量来计算加速度，对物体沿 x、y、z 轴的线性加速度进行精确测定。陀螺仪又叫角速度传感器，使用科里奥利效应，通过检测振动元件在旋转时的偏移量来测量角速度。在物体沿坐标系的直线路径移动时，若坐标系发生旋转，物体将遭遇一个与旋转轴正交的力，以及由此产生的垂直方向加速度，借此可以测量物体绕 x、y、z 轴的角速度。磁力计使用霍尔效应或磁阻效应来检测磁场强度，用于校正加速度计和陀螺仪的漂移，测量地磁场的强度和方向，提供方向参考。IMU 设备集成了加速度计、陀螺仪和磁力计，使其能够对三维空间中的加速度、角速度和磁场数据进行精确监测，进而计算出物体的姿态（Pitch、Roll、Yaw）和运动状态（位置、速度）。为了克服单一传感器精度的局限，IMU 常采用先进的数据融合技术，如卡尔曼滤波器、互补滤波器等，整合来自不同传感器的信息，从而显著提升位姿估计的准确性与稳定性。

2.2.3 数据处理技术

机器人中间件中的数据处理关键技术，是实现机器人环境感知、自主导航、目标识别和交互等功能的重要组成部分。

1. 传感器数据处理

传感器数据处理中数据处理和融合技术在机器人中间件中起到整合多种传感器数据的作用，提高环境感知的精度和可靠性。多传感器数据融合技术通过在数据层对原始传感器数据进行校准、同步和对齐，在特征层提取并整合关键数据特征，以及在决策层实现独立决策的最终整合，有效地增强了机器人系统对环境变化的适应性和响应速度。在多传感器数据融合框架下，卡尔曼滤波、粒子滤波、贝叶斯滤波等数据融合处理方法被广泛应用于实现传感器数据的高效整合，以获得对环境和状态的深入洞察。

2. 传统图像处理技术

在机器人系统中用于对摄像头或其他图像传感器获取的图像进行分析和处理，以提取有用信息。在图像分析的前期阶段,图像预处理是至关重要的,其中包括降噪、图像质量增强和几何变换等步骤。降噪过程通常采用如高斯滤波、均值滤波和中值滤波等滤波算法来消除图像中的噪声;图像质量增强通过调整图像的亮度、对比度和颜色,增强图像的视觉效果;几何变换通过执行图像的缩放、旋转和平移等操作,以适应后续处理需求。

3. 机器学习和深度学习

目标检测和识别在计算机视觉和图像处理领域占据着核心地位,广泛应用于机器人导航、智能视频监控、工业检测以及航空航天等关键领域。这些技术对图像处理和计算机视觉学科至关重要,而且正逐步融入机器人中间件技术的应用之中。它的目的是用计算机实现人的视觉功能,使计算机能从一幅或多幅图像或者是视频中认知周围环境,从而检测并识别目标及其位置。部分机器学习的相关算法如下。

(1) HOG(Histogram of Oriented Gradient)处理方法

HOG 特征提取在图像分析领域表现卓越,尤其在处理图片质量、分辨率和光照条件变化时,显示出了较高的一致性和容错能力。这种特征提取方法能够捕捉图像中的空间和方向信息,从而在不同图像条件下保持较好的识别效果,在户外各种目标检测及分类方面使用广泛,为各种目标物体的特征提取提供了很好的解决策略。这种算法通过对图片局部的像素点或区块进行梯度信息描述,然后通过运算得到图片的特征信息。HOG 特征提取流程如图 2-5 所示。

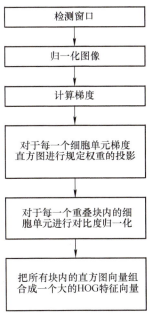

图 2-5 HOG 特征提取流程

(2) 支持向量机(Support Vector Machine,SVM)方法

在图像识别领域,监督学习算法如支持向量机(SVM)展现出了卓越的分类性能。特别是在二元分类任务中,SVM 能够识别出一条区分不同类别的边界线,无论是直线还是曲线。SVM 的理论基础涉及了点与决策边界(线或面)之间的距离,即几何间隔,这是其核

心概念之一。在求解最优化问题时，SVM 利用拉格朗日乘子法和对偶问题来确定模型参数。在二维空间中，SVM 的目标是找到一条最优的分界线，这条线能够最大化地容忍数据样本的局部变化，从而实现最佳的分类效果，如图 2-6 所示。

（3）深度学习相关算法

机器视觉技术的进步和其在工业领域的广泛应用，使得利用该技术指导机器人准确抓取工件成为一种趋势。在这一过程中，机器视觉系统负责识别和定位待抓取的目标，进而引导机器人执行抓取任务。提升定位精度是工业自动化中一个关键的研究课题。目前，深度学习技术，尤其是 Yolo 算法，已被广泛应用于机器人视觉系统中，以增强目标检测的准确性。Yolo 算法以其高效的性能和准确性，在目标检测领域中占据着重要地位。

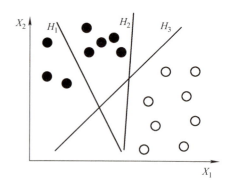

图 2-6　SVM 分界线示意图

Yolo 算法是一种先进的目标检测技术，它将物体检测任务转化为一个回归问题。通过单次卷积操作，Yolo 能够预测出图像中物体的位置、类别和置信度。这种网络结构由 24 个卷积层和两个全连接层构成，如图 2-7 所示。Yolo 的创新之处在于它能够直接从输入图像中提取特征，并快速、准确地识别出物体，使得 Yolo 在实时目标检测任务中表现出色。

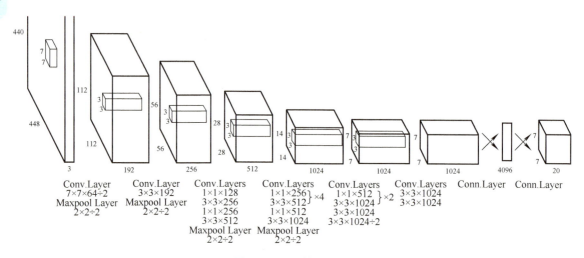

图 2-7　Yolo 检测网络

目标定位组件的工作流程如图 2-8 所示，图像预处理模块主要对照相机（简称相机）采集到的图像进行滤波去除噪声和增强对比度等操作，减少图像因光照变化、噪声等因素的影响。图像分类识别流程如图 2-9 所示，Yolo 模型预先读取训练集训练模型，直至达到最优状态。在这一状态下，保存网络模型及其参数。随后，将预处理后的图像输入到这个经过训练的分类识别模型中，模型通过对图像的分析输出目标工件的位置坐标以及类别信息。

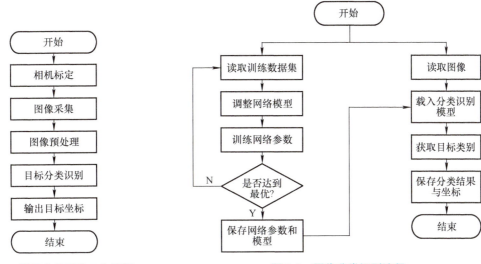

图 2-8　目标定位组件工作流程　　　　图 2-9　图像分类识别流程

2.2.4　机器人控制技术

机器人中间件通常集成各种机器人控制算法进行系统级应用。例如，路径规划决定了机器人从起点到目标点的最佳路径，而运动控制则负责执行该路径，确保机器人安全、平稳地移动。这两项技术是机器人自主移动和任务执行的核心。

路径规划是指为机器人确定从起点到目标点的一条可行路径，同时尽可能优化某些特定指标（如路径长度、时间、能量消耗等），一般分为全局和局部路径规划两类。

全局路径规划依赖于对整个环境的全面了解，它能够利用详尽的地图信息来计算出一条从起点到终点的最优路径。例如，Dijkstra 算法就是一种经典的图搜索算法，它通过逐步扩展来寻找最短路径。而 A* 算法则在 Dijkstra 的基础上引入了启发式信息，如欧几里得距离，以加快搜索过程。此外，快速随机树算法通过随机采样来探索路径，这种方法在处理高维空间时尤为有效。

局部路径规划则侧重于机器人在运动过程中的实时决策。它主要依赖于传感器数据和对周围环境的局部理解来进行路径调整。动态窗口法是一种在考虑机器人当前运动状态的基础上，寻找最佳前进方向和速度的方法。人工势场法则通过构建一个势场，其中目标点产生吸引力，障碍物产生排斥力，来引导机器人的移动。贝叶斯路径规划则是一种基于概率地图的方法，它通过计算路径的概率最优性来指导机器人的路径选择。

通过这些方法，无论是在全局层面规划路径，还是在局部层面进行实时调整，机器人能够更有效地在复杂环境中导航。

运动控制是指根据路径规划的结果，控制机器人实际执行运动，包括位置控制、速度控制和轨迹跟踪控制等，确保机器人按计划路径移动。位置控制能够调节机器人所处位置，使其达到目标点。常见的控制方法有 PID 控制和模糊控制：PID 控制通过调整 PID 参数实现精确位置控制，简单易实现，适用于多种场景；模糊控制通过模糊逻辑规则实现对机器人位置的控制，适应性强，处理非线性系统效果好。速度控制通过适当调节机器人的移动速度和加速度，可以确保其运动过程中的稳定性和流畅性。常见的控制方法有：反馈线性化，通过数学变换将复杂的非线性系统简化为线性系统，从而使得传统的线性控制技术得以控制速度；滑模控制，通过定义一个特殊的滑模面，使得系统状态能够在达到这一面时实现快速且准确的控制，实现对非线性系统的鲁棒控制。轨迹跟踪控制是确保机器人按照既定轨迹精确运动的关键技术，要求机器人在执行过程中严格遵循预定的路径，从而保证运动的准确性和一致性。常见的方法有纯追踪法，通过调整机器人的前轮角度，使其始终朝向目标点。

路径规划与运动控制技术的融合为机器人在复杂环境中执行任务提供了安全与高效的双重保障。随着技术的发展，路径规划与运动控制将变得更加智能和高效，为机器人应用提供坚实的基础。

2.3 机器人中间件元数据简介

2.3.1 元数据概述

1. 元数据基本概念

元数据（Metadata）是一种描述数据的数据，是对数据的更高层级抽象，主要描述数据属性（名称、大小、数据类型等）或结构（长度、字段等），通过使用元数据这一形式，可以对复杂的数据进行简化，并采用统一的格式进行管理，实现简单高效地管理大量网络化数据；促进了信息资源的发现、检索、整合和有效管理，通过为信息资源提供统一和标准化的描述，为机器自动处理和分析提供了便利。

元数据的核心作用在于为数据对象提供详细的描述、准确的定位、有效的检索、有序的管理、公正的评估和流畅的交互。首先，它通过详细阐述数据的内容和属性，实现了信息的基本呈现。其次，元数据通过明确数据资源的存储位置，显著提升了用户发现和访问数据的速度和效率。在检索方面，元数据通过提取和组织数据的关键属性，建立了信息对象间的联系，为用户提供了多角度、多途径的检索方式，增强了信息的可检索性。在管理层面，元数据详述了数据的版本信息、管理规则和使用权限，有效地支持了数据对象的维护和利用。评估功能则得益于元数据的详尽描述，使得用户能够在不深入数据内容的情况下对数据价值做出初步判断，为信息的使用提供了参考。最后，元数据对于数据结构和关系的描述，不仅促进了数据在不同组织和系统间的顺畅交流，还保障了信息交换过程中的标准化和一致性。这种全方位的支持机制，无疑为数据资源的有效利用和管理奠定了坚实的基础。

2. 元数据分类

元数据通常分为两大类：业务元数据和技术元数据。

业务元数据关注的是数据的业务层面，它涵盖了数据的业务含义和规则。这类元数据为非技术背景的用户和实际系统之间搭建了桥梁，使得业务人员能够容易地理解数据内容，从而促进了对数据的一致性理解。它通常包含：业务术语所对应的数据模型、对象名称和属性名称；数据访问的规则、数据来源；系统提供的分析方法，以及相关的公式和报表信息。

技术元数据则聚焦于数据仓库的开发和维护，它包含了数据仓库系统的技术细节，使得计算机系统或数据库能够识别、存储、传输和交换数据。这类元数据对于开发人员至关重要，因为它明确了数据的存储方式和结构，为应用开发和系统集成提供了基础。技术元数据通常包括：数据的物理存储格式和结构；索引信息和数据交换协议；安全性需求和其他技术规范。

通过这种分类，元数据不仅为数据的管理和使用提供了指导，也为不同背景的用户提供了一个清晰的理解和操作框架。

3. 元数据管理

元数据管理是确保数据仓库建设状态得到真实和客观反映的关键环节。这一过程主要依赖于先进的管理平台技术，以及与之相结合的方法和流程。技术人员利用这些平台来监控和维护数据仓库里存储的元数据，而业务人员则可以通过这些平台来获取业务元数据的相关信息和使用指南，进而更有效地利用数据。一个完整的元数据管理平台应包括元数据存储、采集调度、版本管理、导入导出、前端展示、检索、分析和安全管理等功能。

元数据管理不仅帮助用户深入理解数据的含义，提升了系统的监控和管理能力，还对数据的生命周期和质量管理起到辅助作用，确保数据在整个使用周期内保持高质量和高可用性。

2.3.2　RDCS元数据描述

元数据描述，就是揭示与表述元数据。从语言学角度来看，元数据可以视作一种人工语言，它同样需要在语义和语法两个方面进行准确的表达和解释。

1. 元数据描述工具

为了实现元数据的高效描述，通常会采用XML（可扩展标记语言）来构建灵活的标记系统。XML的可扩展性使其成为元数据描述的理想选择。在实施过程中，以下三个工具是实现元数据描述的关键。

（1）DTD

DTD作为XML 1.0规范的重要组成部分，使用EBNF（扩展巴科斯范式）语法定义XML文档的结构，即标记的定义。每个XML文档都只与一个DTD相关联，而一个DTD则包含了元素、属性、实体和注释的定义。尽管DTD在XML文档的元数据描述中得到了广泛应用，但它也有很多显著缺点：

首先，DTD的语法与XML不同，它基于EBNF，这要求用户必须对EBNF有所了解，从而增加了学习和编写的难度。其次，与XML的DOM（文档对象模型）相比，DTD的自动化处理更为复杂，通常需要特定的解析器来进行验证。此外，DTD在数据类型支持方面有限，这在实际应用中可能导致需要额外的数据类型转换工作。最后，DTD不支持命名空间，这意味着所有元数据必须集中管理在一个文件中，这使得对现有DTD的扩展和维护变得烦琐。每当需要更新或扩展DTD时，往往需要重写整个文件，大大增加了工作量。

为了解决这些问题，开发者和研究人员正在探索更先进的元数据描述和处理技术，以提高XML文档的灵活性和可维护性。这些技术包括RDF（资源描述框架）、XML Schema等，它们提供了更丰富的数据类型支持、命名空间管理以及更易于自动化处理的特性。

(2) RDF

RDF（Resource Description Framework）是 W3C 在 1999 年 2 月提出的一种元数据描述建议，它利用 XML 的语法标准来清晰地表述资源对象，使得计算机能够解析资源的元数据。与 DTD 不同，RDF 不仅允许创建者定义资源并赋予其属性，以描述这些资源，还能够构建更为复杂的表述，如表达不同资源间的联系。

RDF 的核心构成要素包括资源（Resources）、属性（Properties）和陈述（Statements）。资源是 RDF 中的基本单元，每个资源都有一个唯一的标识符，即 URI。属性用于描述资源的特征，并且每个资源的属性有属性类型标识，与属性值相对应。陈述是由资源、属性和属性值组成的三元组，用于表达关于资源的具体信息。在 RDF 中，当多个陈述指向同一个资源时，它们共同构成了对该资源的全面描述。RDF 相较于 DTD 具有以下优点：

1）易于控制：采用简单的资源 - 属性 - 值三元组结构，易于管理，即使在处理大量数据时也能保持良好的控制性。

2）包容性：RDF 允许定义自己的词汇集，并可以嵌入其他类型的元数据，如 Dublin Core 元数据。

3）可交换性：RDF 使用 XML 作为描述语法，因此可以作为一个灵活的框架工具，在网络上传输和处理多种元数据。

尽管 RDF 在元数据描述领域具有强大的功能，但它的复杂性限制了其在广泛网络应用中的普及。设计者不仅需要定义对象和属性，还需定义复杂的陈述，这使得 RDF 难以被广泛接受和应用，尤其是在大规模的 Internet 应用场景中。因此，网络上的元数据描述需要简单且可靠的解决方案，类似 XML 在简化 SGML 后迅速得到广泛应用的情况。

(3) XML Schema（XSD）

XML Schema（也称为 XSD）提供了一种强大的框架，用于定义 XML 文档的结构。它类似于数据库中用于描述数据表的模式，为文件类型提供了一种规范。与 DTD 相比，XML Schema 采用了与 XML 文档相同的语法，这使得它在定义和使用上更为直观和一致。

XML Schema 的优势在于其与 XML 的无缝集成，它本身就是一个遵循 XML 规则的文件。这种设计不仅简化了模式的定义，还增强了其可读性和易用性。此外，XML Schema 引入了数据类型和命名空间，这些特性显著提升了其功能和灵活性。相对于 DTD，XML Schema 具有以下显著优点：

1）语法一致：XML Schema 使用与 XML 文档相同的语法，这消除了学习特定形式化语言的需要，让定义和理解 XML 结构变得更加直观。

2）功能拓展：通过引入数据类型和命名空间，XML Schema 超越了 DTD 的限制，提供了更丰富的功能，使得模式定义更加强大和灵活。

3）互操作性：XML Schema 支持编写和验证 XML 文档，同时允许不同模式之间的转换，这为数据交换提供了便利，增强了不同系统和应用之间的兼容性。

4）规范性强：虽然 DTD 提供了基本的约束机制，但 XML Schema 基于 XML 的语法，提供了更加详细和规范的结构描述，包括元素的约束条件、属性定义、内容模型以及它们之间的顺序关系。

综上所述，XML Schema 为 XML 文档的描述提供了一种简单、一致且功能强大的方法，适用于广泛的应用场景，为 XML 技术的进一步发展和应用提供了强有力的支持。

2. RDCS 元数据描述流程

机器人中间件的元数据描述是指对机器人系统中各个组件、服务、消息和接口等的描述信息统一化和标准化，实现对异构机器人系统软硬件的兼容，解决由于异构性带来的信息孤岛问题，以便实现多系统的自动化配置、发现和交互。通过元数据描述，机器人中间件系统可以实现更高级别的自动化、智能化和灵活性，帮助开发人员更好地设计、部署和管理复杂的机器人系统。

机器人中间件元数据描述及接口抽象流程如图 2-10 所示。首先根据不同设备类型对设备进行调研分类，然后进一步分为设备数据和功能。接着，根据功能的作用和所用的编程语言定义相应的接口并汇总成接口定义总和。同时，根据数据的类型分类区分数据格式，汇总成元数据的总和。

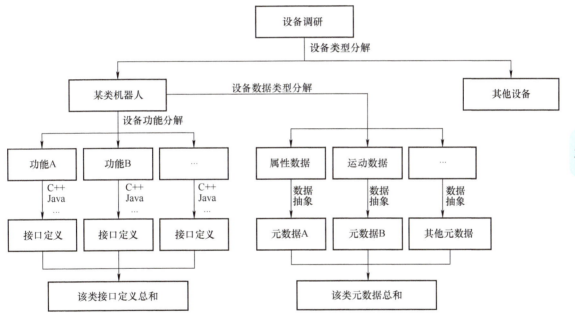

图 2-10　机器人中间件元数据描述及接口抽象流程

2.4　RDCS 开发部署规范

为确保不同组件、系统和平台之间的互操作性和一致性，机器人中间件需制定一系列规范标准，对通信协议和消息格式、服务接口定义、设备接口和驱动、数据处理和传输、安全性和权限管理、系统配置和部署、元数据描述、性能和实时性要求等提出统一的中间件规范描述。通过遵循机器人中间件规范，开发人员可以更容易地开发、集成和部署机器人系统，同时确保系统的稳定性、可靠性和扩展性。

目前国内外机器人行业还未形成被广泛认可的中间件/组件数据交互、流程控制和分发部署的标准化设计规范，而这些规范对于建立一个开放的工业机器人开发环境和生态系统具有决定性作用。工业机器人应用环境往往具有多平台共存、交互感知、设备异构等特点,为了屏蔽运行环境差异,实现协同开发,依据构件复用、互操作性、扩展性、易用性四个设计原则,RDCS 中间件提出了一套基于 SOA 的中间件/组件的开发、部署、运行技术规范。该规范旨在采用面向服务的概念,使符合标准化规范的各类服务组件可部署于同一容器中,共享容器提供的资源,简化组件开发构建的复杂度,具体涉及如下三个规范。

中间件/组件元数据规范:以一种简洁而高效的方式处理大规模的分布式数据,促进信息资产的快速定位、检索、综合整理,并确保对资源使用的精确监管。中间件/组件接口规范:包括组件与运行容器交互的标准接口、组件间通信的标准接口,屏蔽底层设备及组件的异构性。中间件/组件部署规范:规范组件与数据仓库的交互接口,包括组件注册、中央仓库存储模型、组件发布流程,定义组件运行时引擎的最小化功能集合,规范组件运行时引擎的资源调度、运行监控、生命周期管理。

2.4.1 中间件/组件元数据规范

元数据通过为信息资源提供统一和标准化的描述,为机器自动处理和分析提供了便利。RDCS 中间件先后采集整理了 YASKAWA、KUKA、ABB、昆船、杰瑞、中船重工等主流工业机器人厂家的产品属性、功能,通过对相关的数据和接口进行分析和整理,形成了工业机器人元数据规范。元数据规范主要对工业机器人的相应数据进行统一的编号、命名、定义,并确定了数据的数据元类型、格式、值域和计量单位等相关属性。表 2-1 是一种爬壁机器人的元数据规范定义实例。

表 2-1 爬壁机器人通用元数据(部分)

名称	定义	数据元类型	数据格式
climbing_robot_rated_load	最大载重	数字型	n..3,1
climbing_robot_radius_curvature	曲率半径	数字型	n..4,1
climbing_robot_obstacle_crossing_capacity	对越障能力的描述	字符型	an..512
climbing_robot_adsorption_mode	哪种吸附方式	数字型	n..2
climbing_robot_adsorbability_level	吸附力大小	数字型	n..2
climbing_robot_move_mode	移动的方式	数字型	n..2

表中的数据名称、定义、数据元类型、数据格式等只构建了统一的称呼。在基于元数据的实际使用中,还需要用到上一节所提到的元数据描述工具 XSD,利用文本描述语言对这些数据进行描述和存储,便于计算机的读取、解析等操作。在数据交换过程中,数据中包含的元素是不确定的,因此需要提前规定好 XSD 文档,才能将各用户自己生成的数据 XML 进行合规验证,避免由于数据格式不一致导致的解析问题。

下面代码是根据表 2-1 给出的爬壁机器人通用元数据建立的 XSD 描述文档。该段代码演示了如何通过 XSD 描述规范建立 XSD 文档,约束了 XML 文档的元素、属性等关键组成要素,为实现标准化的描述方式提供了保障。

```
climbing_robot_common.xsd:
<?xml version="1.0" encoding="UTF-8"?>
<xsd:schema xmlns:xsd="http://www.w3.org/2001/XMLSchema"
targetNamespace="http://localhost:8080"
elementFormDefault="qualified">
<!-- GL040100001 机器人负重 非负数 -->
<xsd:simpleType name="climbing_robot_rated_load">
  <xsd:restriction base="xsd:integer">
  <xsd:minInclusive value="0"/>
  </xsd:restriction>
</xsd:simpleType>
<!-- GL040100002 曲面适应能力 曲率半径大小 -->
<xsd:simpleType name="climbing_robot_radius_curvature">
  <xsd:restriction base="xsd:double">
    <xsd:minInclusive value="0"/>
  </xsd:restriction>
</xsd:simpleType>
<!-- GL040100003 越障能力 描述字符串 -->
<xsd:simpleType name="climbing_robot_max_work_range">
  <xsd:restriction base="xsd:string">
    <xsd:maxLength value="512"/>
  </xsd:restriction>
</xsd:simpleType>
<!-- GL040100004 吸附方式 :0: 磁力吸附 ; 1: 负压吸附 ; 2: 推力吸附 ; 3: 仿生吸附 ; 4: 其他 -->
<xsd:simpleTypename="climbing_robot_adsorption_mode">
  <xsd:restriction base="xsd:integer">
    <xsd:pattern value="[0-4]"/>
  </xsd:restriction>
</xsd:simpleType>
<!-- GL040100005 吸附力度级别 256 级别 ( 无吸力 , 吸力最大 ) -->
<xsd:simpleType name="climbing_robot_adsorbability_level">
  <xsd:restriction base="xsd:integer">
    <xsd:pattern value="[0-255]"/>
  </xsd:restriction>
</xsd:simpleType>
<!-- GL040100006 移动方式 :0: 轮式 ; 1: 履带式 ; 2: 足腿式 ; 3: 其他 -->
<xsd:simpleType name="climbing_robot_move_mode">
<xsd:restriction base="xsd:integer">
  <xsd:pattern value="[0-3]"/>
    </xsd:restriction>
</xsd:simpleType>
```

2.4.2 中间件 / 组件接口规范

各类工业机器人和相关设备在组成结构、开发语言和实现方式上存在差异，使用者需要针对不同对象学习相应的开发方式、控制方式和实现方式，学习成本高且易用性低。机器人中间件为屏蔽底层设备的异构性以及组件的异构性,需要在设备实现及组件实现之上进行进一步封装,并形成统一的标准规范,使定义和实现分离,接口的调用者和实现者完全分离解耦。

对上层应用提供标准机器人控制接口,屏蔽不同平台的差异性以及机器人运动控制的具体实现,实现机器人组件的快速复用和敏捷开发。对六轴、直角坐标、圆柱坐标、AGV、爬壁、并联机器人这六种机器人分别进行了接口规范的制定,其中包含功能接口、运动接口、测试保留接口等。具体案例如下,表 2-2、表 2-3 分别为爬壁机器人功能接口、运动接口及参数定义(部分)。

表 2-2 爬壁机器人功能接口及参数定义(部分)

爬壁机器人功能接口名	功能描述	输入参数及类型
connectRobot	连接机器人实现远程通信和控制	char*:机器人的编号
getRobotId	获取机器人 ID	无
robotMotorOn	打开机器人使能开关	无
robotMotorOff	关闭机器人使能开关	无
readIO	读指定的输入/输出(IO)的值	char*:指定的 IO 口
writeOut	对指定的输出(OUT)的写入指定值	char*:指定的 OUT 口 char*:写入 OUT 口的状态值
waitForIO	进入等待,直到外部 IO 信号变成指定值	char*:机器人 IO 口的地址 char*:表示需要进行判断的 IO 值 0 或者 1
robotSleep	使机器人等待指定时间	double:等待时间(单位:s)
closeRobot	断开与机器人的连接	无
recEquipOn	控制回收设备启动	char**:保留
recEquipOff	控制回收设备关闭	char**:保留

表 2-3 爬壁机器人运动接口及参数定义(部分)

爬壁机器人运动接口名	功能描述	输入参数及类型
robotForward	机器人以指定速度向前移动	char*:速度 char**:保留
robotBackward	机器人以指定速度向后移动	char*:速度 char**:保留
robotLeft	机器人以指定速度向左移动	char*:速度 char**:保留
robotRight	机器人以指定速度向右移动	char*:速度 char**:保留

2.4.3 中间件 / 组件部署规范

元数据规范和接口规范的制定只能保证服务接口能够得到精准的描述，但是为了更好地管理各种设备服务组件，部署规范也是必要的。为了更好地管理各个组件服务实例，所有的组件应该遵循如下规范：

1. 服务实例编译

首先，为了保证服务在不同的操作系统上均具有可拓展性和可移植性，需要将服务以 Linux 动态库或动态链接库（DLL）的形式编译。具体的实现过程中，需要确保每个服务都暴露以下接口：

void device_main(int dev_id, info_callback cb);

在这个接口中，dev_id 是分配给当前设备的 ID，用于唯一标识设备；info_callback 则是一个回调函数，其定义如下：

typedef void (*info_callback)(int gloable_id, int err_code, char* brief);

回调函数用于服务实例向节点控制站传达当前服务状态。回调的参数类型必须与相应的元数据相匹配，否则节点控制站将视其为非法数据并予以忽略。例如，对于一个六轴或者四轴工业机器人，它们可能返回如图 2-11 所示的信息，这两个值分别表示六轴各个轴的运动角速度和四轴各个轴的当前角度。

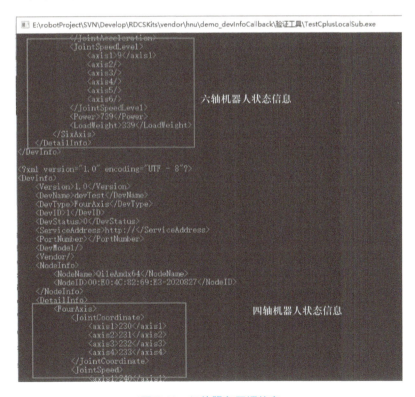

图 2-11 组件服务回调信息

2. 服务属性信息描述文件

为了使每个注册好的服务库能够被正确识别和管理，每个库必须包含一个 XML 格式的属性描述文件，一方面方便节点站加载启动该服务，另一方面将当前服务的信息注册到服务总线，从而方便消费者知道库能够提供哪些功能。表 2-4 展示了需要提供的服务实例的属性信息。

表 2-4 服务属性信息

名称	含义
serviceType	Robot6Axis，描述该服务的类型
bindingAddress	http：//127.0.0.1：6040，服务的网络绑定地址
serviceName	inverse1，服务的具体名称
portNumber	6040，服务的通信端口
targetNamespace	服务绑定对应的 WSDL 名称空间
wsdlURL	http：//127.0.0.1：6040，WSDL 文件的访问地址
majorVersion	服务主版本号
minorVersion	服务次版本号
vendor	开发者
libName	服务实例对应动态库的路径
devName	目标设备的名称
devType	设备的类型

以下是一个示例 XML 文件：

```xml
<?xml version="1.0" encoding="UTF-8"?>
<regist_dev>
    <serviceType>Robot6Axis</serviceType>
    <bindingAddress>http://127.0.0.1:6040</bindingAddress>
    <serviceName>inverse1</serviceName>
    <portNumber>6040</portNumber>
    <targetNamespace>http://</targetNamespace>
    <wsdlURL>http://127.0.0.1:6040</wsdlURL>
    <majorVersion>1.0</majorVersion>
    <minorVersion>1.0</minorVersion>
    <vendor>Chen</vendor>
    <libName>C:/Users/yolov50/Desktop/cankao/RDCS/1/win_x64/Project1.dll</libName>
    <devName>inverse1</devName>
    <devType>SixAxis</devType>
</regist_dev>
```

3. 节点控制站初始化配置

节点控制站的初始化配置是部署过程中必不可少的一环。需要确保每个节点的属性名称有意义，并且配置的信息准确无误，节点站软件在启动时会读取该信息并作为当前系统的属性提交到上层服务总线。以下是一个采用 INI 格式的示例配置文件及其说明：

```
[Node]                          # 当前节点站属性信息
NodeName=XiaoAmdx64             # 当前节点名称
NodeID=20210908                 # 当前节点 ID，任意几位数
AddressName=ChangSha            # 当前节点地址
LAL="112.592,28.12"             # 当前节点经纬度

[Net]                           # 上层服务总线的地址端口信息配置
EsbSubIP=39.108.251.60          # 服务总线地址
EsbSubPort=8860                 # 服务总线的端口
```

2.5 本章习题

1. 请简述相比其他框架 RDCS 框架的技术特点及具有的优势。
2. 请设计几种复杂数据结构体并描述其元数据。
3. RDCS 中间件如何使用元数据描述来实现机器人系统的自动化配置和管理？

第 3 章　设备服务化技术与应用

设备服务化封装技术是一种现代化的软件架构方法，它将物理设备的功能抽象成服务，并通过标准化的接口提供给开发者和用户。它具有互操作性、可扩展性、易于维护、安全性高等诸多优点，是实现智能设备高效、安全、可扩展管理的关键技术，已经成为在物联网时代下设备交互和集成必不可少的一环。

3.1　机器人系统及服务化介绍

机器人是一种能够根据指令自动执行各种任务的机械装置，它既具备感知周围环境的能力，又能够根据环境信息规划自己的运动路径，同时，运动反过来又会影响传感信息的输入，从而完成闭环控制，实现自主或半自主运动。目前，机器人已有诸多种类，并且已经凭借自身优势被应用到人类生产生活的各个方面，如工业、军事、家庭等领域。机器人可以替代人类从事一些危险性大、重复性强、精确度要求较高的工作，深刻影响着人类的方方面面。

3.1.1　机器人种类

随着技术的不断进步和不同应用场景的实际需求变化，机器人已经发展出了许多不同的种类，下面介绍五种使用最广泛的机器人类型。

1. 工业机器人

在汽车制造业与电子电器产业等前沿制造领域被广泛应用，能够更好地完成焊接、装配、搬运等重复性劳动。这类机器人一般由机械臂、控制器和传感器组成，能够高效、精准地完成指定的动作和操作，极大地提高生产效率、降低人工成本。

2. 服务机器人

服务机器人在日常生活和工作中得到了广泛应用，主要分为家庭服务机器人和专业服务机器人两大类。家庭服务机器人能够协助完成卫生清洁、老年人看护和儿童娱乐等家务工作；而专业服务机器人则在安全保障和紧急救援等专业领域表现出色。这类机器人具备良好的环境感知和信息交互功能，为人类社会提供了更加安全、便捷和高效的服务。

3. 医疗机器人

该类机器人在临床诊疗、手术协作、康复训练等领域被广泛应用。它们可以帮助医生进行精准的手术操作，减少医疗差错，也可以协助患者进行物理训练、加速康复过程。此外，一些微型医疗机器人甚至可以直接进入人体，完成靶向给药、肿瘤检测等任务，医疗机器人的使用大大提高了医疗质量和效率。

4. 军事机器人

主要用于执行一些危险、复杂的作战任务，如侦察、排雷、伪装等。它们通常具有较强的移动能力、感知能力和自主决策能力，可以在恶劣环境下独立作战。这类机器人能够在很大程度上降低人员伤亡，同时，还可以承担搜救、监测等非战斗任务。

5. 教育机器人

主要用于辅助教学，它们可以作为智能助手，帮助学生完成课业任务，也可以作为教学对象，让学生亲身体验机器人的工作原理和编程过程。教育机器人通常具有人机交互、自主学习等能力，能够根据学生的需求进行个性化教学，有助于提高学生的动手能力和编程思维。

3.1.2 机器人硬件系统

机器人是由多个硬件部件所组成的有机整体，每个部件都有其必需的、不可或缺的作用。通过对这些硬件部件的配置和集成，机器人得以实现感知、决策和执行等功能，从而完成各种任务。机器人的主要硬件有机械结构、驱动器、传感器、控制器、执行机构和能源系统，只有各个部件之间高度协调配合才能实现期望的功能。

1. 机械结构

机械结构是机器人的"骨架"，为其提供支撑和运动能力，通常由坚固的金属框架、关节和连杆等部件组成，可以模拟人类或动物的身体结构。机械结构设计直接决定机器人的移动方式和执行能力。优秀的机械结构设计不仅能提高机器人的稳定性和负载能力，还能赋予其更灵活的动作。

2. 驱动器

驱动器是机器人的发动机，能够为机械结构的驱动提供动力。电动机、液压马达和气动马达等都是机器人常见的驱动器。其中电动机是最常用的驱动器，它可以精准控制转速和力矩，适用于各种复杂的动作，液压和气动系统则更适合于需要高功率输出的场合，如重载搬运。驱动器的性能直接影响机器人的速度、力量和灵活性。

3. 传感器

传感器是机器人的"感官"，其类型广泛，涵盖了视觉传感器（摄像头等）、触觉传感器（力/扭矩感知器等）、位置识别器（编码器类）以及惯性测量单元（IMU）等。这些元件能够捕捉机器人周边的多样信息，如物体位置坐标、施加的力度以及运动状态参数等。

通过对这些数据进行深度处理与分析，机器人能够据此做出更为精确的行动决策与调控。

4. 控制器

控制器是机器人的"大脑"，是用来执行机器人程序的关键设备。控制器通常由中央处理器（CPU）、存储器和输入输出接口等部件组成。其中，CPU负责执行程序指令，做出决策；存储器负责数据的保存；控制器的外围输入输出接口则充当了连接传感器与执行器的桥梁。控制器性能的强弱直接决定机器人执行高级复杂任务的性能。

5. 执行机构

执行机构是机器人完成动作和操作的"肌肉"，包括机械臂、抓手、移动底盘等部件，它们直接受控制器指令驱动，完成诸如搬运、组装、行走等具体任务。优秀的执行机构设计不仅能提高机器人的工作效率，还能增强其灵活性和适应性。

6. 能源系统

能源系统为机器人提供所需的电力或其他形式的能量，常见的能源系统包括电池、燃料电池、发电机等，能源系统的性能是影响机器人工作续航的直接因素。此外，一些特殊环境下的机器人还需要集成太阳能、风力发电等可再生能源系统，以增强其自主性和环保性。

3.1.3 机器人软件系统

机器人软件系统的架构通常被划分为多个层次，各层次承担不同的功能。底层支撑部分包括操作系统和中间件，主要负责硬件管理和通信支持；而感知算法、决策规划及控制算法则构成应用层，负责实现机器人的核心功能，如环境感知、智能决策和动作控制。此外，仿真和开发工具贯穿整个开发流程，为系统设计和调试提供便利。通过这些层次之间的紧密协作，机器人能够完成从环境感知、制定行动策略到执行具体动作的完整任务流程。

1. 操作系统

操作系统是机器人软件系统的核心组成部分，主要负责管理硬件资源、调度任务，并为上层软件提供统一的接口与服务。常见的操作系统包括Windows、Linux、VxWorks和FreeRTOS等。这些系统通常支持多种硬件架构，具备通信协议栈、并发处理能力，并能够对硬件设备精细控制，从而确保机器人能够高效且稳定地运行。

2. 中间件

中间件是操作系统和应用程序的桥梁，起到连接和协调的作用。中间件通常提供一些常用的功能模块，如通信管理、任务调度、传感数据处理等，使得上层应用程序能够以更加简单、标准化的方式访问底层硬件。ROS是一个应用最广泛的机器人中间件，它定义了一套完整的通信机制和软件架构，大幅降低了异构硬件集成的难度。

3. 感知算法

机器人的感知能力由各种传感器硬件和相应的软件算法共同支撑，视觉感知算法可以利用摄像头采集的图像数据，实现物体检测、跟踪、三维重建等功能；声学感知算法则通过传声器阵列分析声波信息，获取声源定位、语音识别等信息；触觉算法则可以处理力/扭矩传感器的反馈，感知物体表面特性。这些感知算法不仅需要考虑算法本身的性能，还要与特定的硬件传感器协调配合，发挥最大效用。

4. 决策规划

决策规划算法是机器人实现智能行为的核心所在，它根据感知获得的环境信息，结合既定的目标和约束条件，做出最优的行动决策。典型的决策规划算法包括 path planning、task planning、decision making 等，涉及搜索算法、优化算法、强化学习等多个领域的技术。先进的决策规划算法不仅能帮助机器人高效完成既定任务，还能赋予其更强的自主性和适应性，使其能够应对复杂多变的实际环境。

5. 控制算法

控制算法负责将决策转化为具体的执行动作，驱动机器人的各个执行机构协调运转。PID 控制、自适应控制、鲁棒控制等都是一些常见的控制算法，这些算法能精确地控制电动机转速、调节关节角度，确保机器人按要求完成各种工作任务。此外，基于 AI 的深度学习等新兴技术也被广泛应用于机器人控制领域，以增强其适应性和自主性。

6. 仿真和开发工具

仿真和开发工具是机器人软件系统的重要组成部分。仿真工具能够模拟机器人的物理环境、动力学特性等，方便软件系统的开发和调试。开发工具能够在编程、调试以及部署等工作上提供支持，从而提高开发效率。Gazebo、Webots、V-REP 等都是目前使用广泛的机器人仿真平台；ROS-Industrial、Onshape、Visual Studio Code 等则是机器人软件开发的常用工具。仿真和开发工具的发展使得机器人软件系统的设计、实现和部署变得更加高效和快捷。

机器人软件系统包括感知、决策以及控制等诸多关键功能模块，是机器人智能化行为必不可少的一部分。随着人工智能、深度学习等新技术的不断应用，机器人软件系统必将呈现出更加智能、自主和灵活的特点，为未来的机器人应用铺平道路。

3.1.4 面向服务的机器人服务化封装

服务化封装是软件系统设计中的一个重要概念，它通过将系统功能模块封装为可复用的服务，实现系统的模块化和可扩展性。服务化封装技术在分布式系统、微服务架构等场景中得到了广泛应用。

服务化的关键，是将系统的各个功能服务模块封装成一个个的服务单元，每个服务单元都通过标准化接口对外提供服务。这些服务单元具备松耦合、可重用、可扩展、可替换和跨语言访问的特点。松耦合特性能够保证服务之间的松耦合关系，确保服务之间彼此独立运行，降低系统的复杂度。可重用性能够保证同一服务可以被多个应用系统复用，提高了开发效率。可扩展性能够保证根据不同需求，独立扩展相应服务的功能和性能。可替换性则意味着服务的内部实现细节对外部是隐蔽的，而接口和功能是透明的，因此服务的具体实现可以被替换，而不影响其接口和功能。跨语言访问能力则可以保证服务使用标准化的通信协议，可以被不同语言的应用程序调用。凭借上述特点，服务化能够提高系统的灵活性和可维护性，是实现系统解耦的有效手段。

实现服务化设计时，需遵循一系列基本原则，包括：单一职责原则，确保每个服务专注于单一业务功能；松耦合原则，保持服务之间的松耦合关系，减少服务间的依赖程度；自治原则，让服务能够自主管理生命周期，完成部署、扩缩容、版本升级等工作；契约优先原则，优先考虑服务接口的定义而非具体实现；技术无关性原则，确保服务的接口定义与底层技术无关，支持服务的跨语言访问；可测试性原则，保证服务的可测试性，从而进行单元测试和集成测试。只有遵循这些原则，才能确保服务化设计能够真正实现系统的解耦合灵活性。

服务化实现依赖于关键技术，如服务接口定义语言（WSDL、OpenAPI、Thrift IDL 等），用于定义服务的接口规范；服务调用协议（HTTP/REST、gRPC、SOAP 等），用于实现服务之间的标准化通信；服务注册与发现机制（ZooKeeper、Consul、Eureka 等），用于服务实例的注册和查找；服务路由与负载均衡技术（Nginx、Linkerd、Istio 等），用于实现服务的动态路由和负载均衡；服务监控与管理工具（Prometheus、Grafana、Kibana 等），用于监控服务的运行状态和性能；服务容器化技术（Docker、Kubernetes 等），用于将服务封装为可移植的容器镜像。这些技术手段为服务化提供了有力支撑，使得服务的发布、调用、监控等环节得以实现自动化和标准化。

服务化设计模式有助于指导服务化的具体实践，确保服务设计满足系统的功能和性能需求。在实现服务化时，常使用以下几种常见的设计模式：

1）微服务模式：此模式下，系统将被细分成多个小型且自治的服务单元。

2）事件驱动模式：服务间的通信方式转变为通过事件的发布与订阅机制进行，这种异步方式有效实现了服务间的解耦，降低了相互依赖的程度。

3）API 网关模式：通过 API 网关统一管理对外部服务的访问，提供服务的编排和流量控制。

4）领域驱动设计模式：基于领域模型对服务进行划分，确保服务的边界与业务边界一致。

5）CQRS 模式：将读写操作分离，使用不同的模型和服务来处理查询和更新。

尽管机器人服务化封装技术带来了诸多好处，但在实践中也面临着一些挑战，如服务粒度的把控、服务通信效率、服务可靠性、监控和运维的复杂性以及安全性问题。开发者需通过合理的服务设计、优化的通信方式、可靠的故障处理机制，以及自动化的运维方案，有效应对服务化带来的这些挑战，确保系统的稳定运行。

总的来说，服务化封装技术是实现软件系统解耦合灵活性的重要手段，它通过将系统功能抽象为可复用的服务单元，利用相关的设计原则，通过各种技术手段进行实现。在实践中还需要解决服务粒度、通信效率、可靠性等方面的挑战，采取相应的最佳实践，充分掌握服务化技术，才能设计出高度模块化、可扩展的软件系统。

3.2 设备服务化封装技术

3.2.1 设备服务化封装介绍

设备服务化封装是物联网领域一种重要的技术手段,它通过将设备功能抽象为标准化的服务,使得设备能够被软件系统统一管理和调用,为物联网系统的开发和集成带来了许多好处,主要包括:

1. 调用标准化

传统的设备集成方法常涉及为每种硬件设备定制专属驱动程序,这增加了系统开发的复杂度。而设备服务化封装则将设备功能抽象为标准化的服务接口,通过这些统一的接口,应用程序能够间接访问设备功能,无须深入了解设备的内部实现。此设计模式显著提升了系统的扩展灵活性和后期维护的便捷性。

2. 跨平台互操作

不同的硬件设备通常使用不同的通信协议和数据格式,这给跨设备的数据交换带来了挑战,通过服务化封装,设备可以通过标准化的服务接口进行交互,支持跨平台的互操作性。无论设备使用何种底层技术,只要遵循统一的服务接口规范,就可以实现与其他系统的无缝集成,为机器人系统的异构互联提供了有力支撑。

3. 设备管理灵活性

传统的设备管理通常集中在设备驱动程序中,升级和维护设备功能需要修改驱动程序并重新部署,而服务化封装将设备管理功能独立出来,设备服务可以独立于应用程序进行升级和维护,从而提高了系统的灵活性和可维护性。

4. 更高的安全性

传统的设备集成方式通常缺乏统一的安全机制,每个设备可能采用不同的身份认证和授权方式,给系统安全管理带来了挑战,服务化封装则可以在服务层面提供统一的安全访问控制,如令牌认证等,确保设备功能的安全调用。

基于以上优势,设备服务化封装已经成为物联网系统设计的重要范式。设备服务化封装的实现步骤如下:

1)服务接口定义:首先需要定义设备功能的服务接口,包括设备状态查询、控制命令下发、数据上报等功能。服务接口的定义应该遵循保证可重用性、可扩展性的原则,提供足够的功能覆盖,同时保持良好的抽象性。常用的服务接口定义语言包括 WSDL、OpenAPI、Thrift IDL 等。

2)服务发现和注册:为了使应用程序能够发现和调用设备服务,需要实现服务注册和发现机制,通常使用服务注册中心(如 ZooKeeper、Consul、Eureka 等)来管理设备服务的注册信息,包括服务地址、协议等,应用程序可以通过查询注册中心来动态发现可用的设备服务。

3）服务通信协议：设备服务与应用程序之间需要使用标准化的通信协议进行交互，常用的协议包括 HTTP/REST、gRPC、MQTT 等。协议的选取一般要结合通信延迟、可靠性、安全性等因素进行。此外，还需要定义统一的数据格式，如 JSON、Protobuf 等，确保双方的数据兼容交换。

4）服务编排和流程控制：在某些场景下，需要将多个设备服务进行编排并进行流程控制，实现更复杂的功能组合，这可以借助编排引擎（如 Camunda、Apache Airflow 等）来完成。

5）服务运维和监控：在设备服务运行过程中，为了能够及时发现和处理异常情况，同样需要进行实时监控。可以使用监控系统（如 Prometheus、Grafana 等）收集服务的运行指标，并设置告警规则，另外，服务还要具备自动伸缩、自愈等功能，确保具备高可用性。

设备服务化封装为机器人系统的开发和集成带来了诸多优势，包括功能抽象化、跨平台互操作、管理灵活性、统一安全机制等。通过服务接口定义、服务发现和注册、标准化通信协议、服务编排流程控制，以及运维和监控等技术手段，可以实现设备功能的标准化封装。然而，在实际应用过程中，要结合具体的设备类型和应用需求进行针对性的设计和实现。

3.2.2　设备服务化封装关键技术与工具

为了支持设备服务化封装，业界已经发展出了多种成熟的工具和框架，下面介绍 OPC UA、AllJoyn、IoTivity、Modbus、MQTT 及 EdgeX Foundry 几种常用的代表性方案。

（1）OPC UA

第一种技术为 OPC Unified Architecture（简称 OPC UA），这是一项由 OPC 基金会确立的开放性、跨平台标准，专为工业设备间的互联互通设计。OPC UA 确立了一套标准化的数据模型与服务接口体系，使得来自不同制造商的设备能够无缝连接与通信。其主要构成元素包括：

1）地址空间模型：该模型作为标准化框架，定义了设备数据与功能的表示方式。

2）服务集：负责提供一组标准化服务，用于对设备数据的访问与操控。

3）传输机制：支持 TCP/IP 基础上的二进制协议传输，以及通过 HTTPS 实现的 Web 服务传输方式。

4）安全机制：集成了身份验证、权限授予及数据加密等安全功能，确保数据传输与访问的安全性。

OPC UA 在工业自动化与楼宇自控等多个领域得到了广泛应用，作为工业物联网中实现设备服务化的重要标准，众多工控设备制造商已提供了与 OPC UA 兼容的驱动程序，这些驱动程序能够简化流程，确保设备能够轻松集成到基于 OPC UA 的应用系统中。

（2）AllJoyn

第二种是 AllJoyn，是由 The AllSeen Alliance（现已并入 Linux 基金会）开发的一款开源的设备互联框架，它定义了一套设备发现、连接和通信的标准协议，能够实现跨厂商、跨操作系统的设备互联。AllJoyn 的主要组件包括：

1）设备发现：利用广播机制，完成设备的自动发现操作。

2）设备连接：使用基于 D-Bus 的点对点通信机制连接设备。

3）设备服务：实现了设备服务接口的标准化定义，确保跨设备的功能调用。

4）安全机制：支持基于证书的身份验证和加密通信。

AllJoyn 广泛应用于智能家居、车载娱乐等消费电子领域，是业界主流的设备互联框架之一，许多厂商都提供了 AllJoyn 兼容的设备驱动，可以轻松将设备接入基于 AllJoyn 的应用系统。

（3）IoTivity

第三种是 IoTivity，这是由 Open Connectivity Foundation（OCF）开发的一款开源设备互联框架。与 AllJoyn 类似，IoTivity 也定义了一套设备发现、连接和通信的标准协议，能够实现跨厂商、跨操作系统的设备互联，其主要组件包括：

1）设备发现：基于 CoAP/DNS-SD 协议实现设备的自动发现。
2）设备连接：使用 RESTful 风格的资源访问机制连接设备。
3）设备服务：实现了资源模型的标准化定义，确保跨设备的功能调用。
4）安全机制：支持基于证书的身份验证和基于 DTLS 的加密通信。

IoTivity 广泛应用于智能家居、智慧城市等物联网领域，是业界另一个主流的设备互联框架，许多设备厂商都提供了 IoTivity 兼容的驱动程序，可以轻松将设备接入基于 IoTivity 的应用系统。

（4）Modbus

第四种是 Modbus，它作为一种工业设备间通信的简易主从模式协议，起源于 20 世纪 70 年代的 Modicon 公司（现施耐德电气公司）。尽管 Modbus 的设计并非专门针对设备服务化，但凭借简单、良好的使用性能，Modbus 在工业自动化领域内应用广泛。Modbus 协议定义了一套标准化的寄存器访问规则，使得设备状态信息的读取与控制指令的写入操作变得可行。此外，Modbus 协议展现出良好的兼容性，支持 RS-232、RS-485、TCP/IP 等多种物理层协议，能够灵活适应不同设备接口的需求。为了支持 Modbus 在设备服务化中的应用，业界也开发了许多中间件和网关产品，能够将 Modbus 设备无缝集成到基于服务化的物联网应用中，这些产品通常提供标准化的设备访问 API，以及丰富的设备管理功能。

（5）MQTT

第五种是 MQTT（Message Queuing Telemetry Transport），是 1999 年由 IBM 公司提出的一种轻量级的、基于发布/订阅模式的消息传输协议。MQTT 广泛应用于各类物联网设备的数据采集和控制场景，是当前物联网领域最流行的通信协议之一。MQTT 定义了一套标准的主题订阅/发布机制，能够实现设备与应用系统之间的异步消息传输，通过订阅感兴趣的主题，MQTT 客户端可以获取设备上报的各类数据；同时，发布者能向指定主题发送控制指令，使远程设备得以被操作。

为了支持 MQTT 在设备服务化中的应用，业界开发了许多 MQTT 代理服务器和物联网平台产品，能够提供设备接入管理、数据分析、应用集成等丰富的功能，这些产品通常还支持基于角色的访问控制和加密通信等安全特性。

（6）EdgeX Foundry

第六种是 EdgeX Foundry。作为 Linux 基金会下的一个开源项目，EdgeX Foundry 的目标是构建一个物联网边缘计算框架，此框架保持对厂商的中立性，并确立一套标准化的服务与 API 体系。这一体系能够服务于各类物联网设备，实现它们的统一访问与有效管理。EdgeX Foundry 的主要组件包括：

1）设备服务：提供标准化的设备驱动接口，接口支持多种通信协议。

2）核心服务：提供设备发现、命令调用、数据收集等核心功能。

3）应用服务：提供设备监控、数据分析及事件处理等多项应用层功能。

4）支持服务：提供日志、度量、配置管理等辅助功能。

EdgeX Foundry 采用微服务架构设计，各组件之间通过标准化的 REST API 进行交互，这种架构设计使得 EdgeX Foundry 具有较好的可扩展性和可移植性，在工业物联网、智能城市等领域广泛应用。

上述介绍的这些工具和框架都为设备服务化封装提供了有力支持，它们或定义了标准化的设备访问接口，或提供了丰富的设备管理功能，或支持不同设备间的互联互通，能够在多样化的应用场景下发挥各自的优势。

3.2.3 RDCS 服务化封装套件介绍

从《中国制造 2025》以及"十三五"发展规划可以看出，工业机器人是智能制造的重要组成部分，智能机器人技术是我国优先发展的一大重点。当前，多数机器人控制系统面临封闭式架构的挑战，导致系统间互联困难。如何利用工业机器人中间件技术融合分布式异构资源、降低系统耦合、提高其控制系统的开放性和智能化水平，是目前急需解决的瓶颈问题。

为此，"工业机器人中间件关键技术及应用平台研发"项目应运而生，该项目受启发于成熟的工业集散控制系统（DCS）设计思路，致力于探索并构建一种创新的开放式工业机器人分布式控制系统（RDCS）中间件应用框架与实施标准。

1. RDCS 总体架构

根据设备差异性和平台异构性，通过对设备的 RDF 模型描述规范进行服务化封装技术研究，设计了一套基于网络的设备跨平台适配及其功能的服务化封装技术——RDCS。RDCS 服务化封装套件总体设备框架如图 3-1 所示，主要包括运行容器、设备服务接口和 SOAP 协议模块。运行容器主要负责解析设备描述文件，加载设备服务接口；设备服务接口主要负责实现底层设备的功能；SOAP 协议，作为一种基于 XML 的简化协议，满足各容器间的通信需求。RDCS 提供了一套设备描述规范，研发设备跨平台适配组件软件 Rdcs Kit，支持 Windows、Linux 操作系统，已完成 AGV、圆柱坐标、直角坐标、六轴、四轴、爬壁六类机器人设备功能的服务化封装和设备跨平台适配。

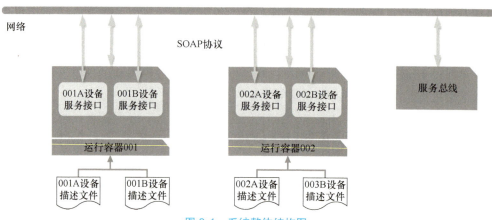

图 3-1 系统整体结构图

图 3-1 中涉及的相关名词解释见表 3-1。

表 3-1 设备跨平台适配组件相关名词解释

名称	含义
设备描述文件	标准化的机器人设备信息
设备服务接口	底层设备的功能实现
SOAP 协议	基于 XML 的简易协议
运行容器	设备描述文件解析，设备服务接口加载

设备跨平台适配组件 Rdcs Kit 系统拓扑图如图 3-2 所示。

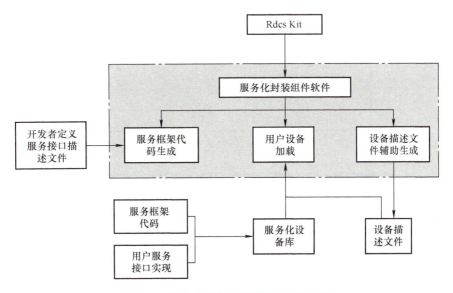

图 3-2 设备跨平台适配组件系统拓扑图

2. 设备抽象描述与接口定义

首先，通过研究设备描述框架 RDF，建立 RDF 模型，将设备及其功能按照四元组构成 RDF Machine，构成设备描述规范，然后实现基于网络的抽象设备接口，通过设备 + 功能标识号进行全局服务定义，为功能组件提供统一服务接口方式，最后使用 RDF 屏蔽底层硬件的差异性，实现设备的抽象适配和服务化封装。

工业机器人中间件连通底层异构机器人设备和上层用户自定义上位机，需要对国内外不同品牌、不同操作系统、不同操作方式的机器人提供统一、标准化的数据传输格式、操作方式。因此需要针对不同机器人种类、型号制定标准化的设备描述文件，用以统一加载和管理。针对设备描述文件，RDCS 可以对当前厂商设备信息进行描述，主要信息见表 3-2。服务类型和设备类型包括九类，具体有：六轴机器人、四轴机器人、直角坐标机器人、圆柱坐标机器人、爬壁机器人、AGV、算法组件、PLC 和其他。

同时，由于面向的用户多样，机器人种类不一，RDCS 开发了一个设备描述 XML 文件生成工具，通过 XML 格式对服务信息进行描述，提供操作界面，以输入设备信息生成标准的设备描述文件，降低生成操作门槛，降低生成错误率。图 3-3 为"设备描述 XML 文件生成工具"界面。

表 3-2 设备描述文件信息

名称	含义
服务名称	用户自定义机器人封装的服务名称
服务类型	九类服务类型
绑定地址	服务绑定的 IP 地址
端口号	服务绑定的端口号
目标名称空间	服务绑定对应的 WSDL 名称空间
最大版本号	设备最大版本号
最小版本号	设备最小版本号
设备名称	机器人设备名称
设备类型	九类设备类型
动态库名称	机器人封装服务本地动态库
编写者	用户自定义编写者名称

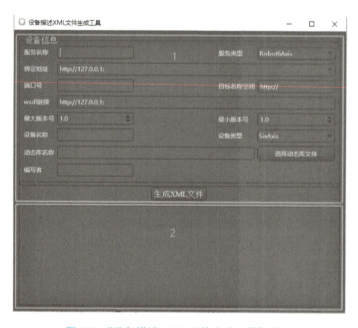

图 3-3 "设备描述 XML 文件生成工具"界面

3. 服务框架代码生成模块设计

在数据交换和集成方面，为了使不同设备间便捷地实现数据交换和集成，采用 SOA（面向服务架构）思想对设备进行服务化封装。同时为了与现行标准兼容，设备间的数据交换采用基于 SOAP 协议的 Web Service 方案。该方案包括服务提供者、服务消费者、服务注册中心三种基本元素，如图 3-4 所示。

1）SOAP（Simple Object Access Protocol）作为一种通信协议，负责应用程序间通信的任务，作为标准载体促进图中各实体间的通信。它基于 XML 构建，使得应用程序能够轻松在 HTTP 协议上进行信息的交换与传递。

2）WSDL（Web Services Description Language）是描述 Web 服务的工具，负责记录服务提供者所提供的服务功能

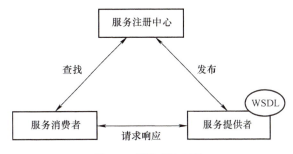

图 3-4　面向服务架构

细节，包括各服务接口的参数类型等关键信息，为服务使用者提供清晰的指南。

3）UDDI（Universal Description，Discovery and Integration）平台是信息发布与查询的桥梁，它协助 Web 服务提供商在互联网上发布服务信息，同时也为服务消费者提供便捷的查询服务，促进了 Web 服务的广泛发现和整合。

在实现方面，虽然设备通信的 SOAP 消息内容以及 WSDL 根据服务接口类型的不同而各有差异，但是整体流程是一致的。其实现方式为：服务消费者主动将待访问的接口数据执行序列化操作，随后将这些数据拼接成 SOAP 消息报文，并利用 HTTP 协议作为传输媒介，将构建好的消息包发送给服务提供者。服务提供者接收到该消息包后进行反序列化处理，从中提取出各参数值，进行相应的业务处理。完成后，将结果返回给服务消费者。

针对这种模式固定的实现方式，基于模板的代码生成工具是一个比较合适的解决方案，相关的开源工具也非常丰富，如 gSOAP。但是该工具是在命令行模式下运行，不便于新手操作。针对该痛点问题，RDCS 设计了一种基于界面的服务代码生成工具，其流程图与界面分别如图 3-5 和图 3-6 所示。

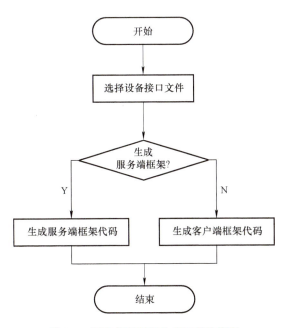

图 3-5　服务框架代码生成工具流程图

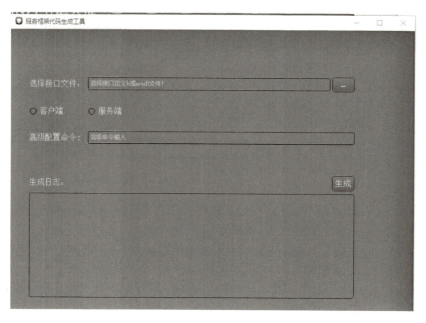

图 3-6 "服务框架代码生成工具"界面

4. 运行容器模块设计

设备容器的主要功能是,通过对设备描述文件的解析,运行/加载包含服务发布的模块、设备动态库或可执行程序,并且根据解析出的设备信息,将设备注册到服务总线上。该部分功能的流程图如图 3-7 所示。

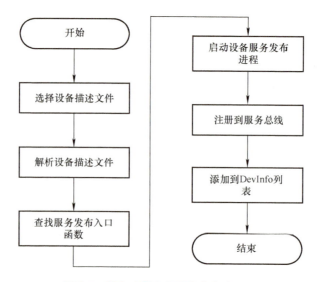

图 3-7 设备容器加载服务发布流程图

5. 设备信息回调设计

各设备服务接口模块需要以标准的形式与运行容器对接。这里对二者间的接口进行约定。

```
// 信息回调接口
/**
 * @brief 服务功能入口标准类型
 * @param deviceId:     当前设备 ID 号
 * @param info_type:    信息类型
 * @param brief:        错误描述信息
 *
 * @return NULL
 */
typedef void (*info_callback)(int deviceId, int info_type, char *brief);
// 标准设备入口函数
/**
 * @brief 服务功能入口标准类型
 * @param deviceId:     分配当前设备 ID
 * @param cb:           信息回调函数
 * @return NULL
 */
typedef void (device_main)(int deviceId, info_callback cb);
```

设备跨平台适配组件通过上述接口协议，加载每个设备动态库中 device_main 函数，启动厂商设备程序。device_main 函数会接收到两个参数，第一个是设备跨平台适配组件分配当前设备的 ID 号，另一个是 typedef void (*info_callback)(int gloable_id, int info_type, char* brief)；类型的回调函数指针。

厂商开发者在 device_main 函数发布服务或者订阅发布主题，同时创建一个设备状态监控线程 listen_dev( )，在监控线程内获取当前设备或组件的状态信息。为符合设备状态信息元数据规范，设计了 devInfoClass 类，用户将设备或组件的状态信息传递给类对象的 dev_current 指针指向的设备信息结构体，通过 devXmlUpdata 接口生成 XML 格式字符串，传递给回调接口，设备跨平台适配组件根据设备 ID 从回调接口读取各设备的实时状态数据，通过设备交互管理组件将状态信息实时分发到其他节点站和服务总线。设备状态回调架构如图 3-8 所示。

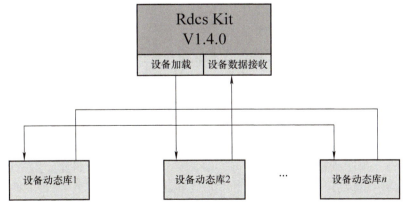

图 3-8　设备状态回调架构

通过上述步骤设计了一个基于 XML 的设备状态生成工具,将底层异构设备的状态信息转换为统一的 XML 格式字符串,方便分布式节点解析数据。设备信息采集工具生成的设备状态 XML 字符串长度在 0.5~2KB 之间不等。

图 3-9 为基于 TinyXML2 设计的设备状态信息自动生成接口类图,枚举定义六类设备的结构体类型,根据实际设备类型调用设备跨平台适配组件封装的"获取机器人信息接口"读取设备实时状态数据值,并将数据存储在对应类型的结构体变量中。使用一个无类型的结构体指针 dev_current,指向当前设备类型的结构体变量,devXmlUpdata( ) 接口根据当前设备类型调用对应方法,将结构体变量的值转换为 XML 格式字符串,并通过回调接口传递给设备交互管理组件。

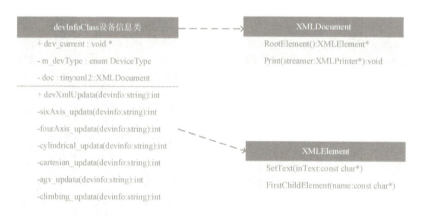

图 3-9 设备状态信息自动生成接口类图

3.3　设备服务化封装示例

下面通过定义 s、s1、s2 三个服务(见图 3-10),来演示一个客户端调用多个服务的过程。其中,服务 s 实现的是输入两个 double 类型数据,输出两数之和的 double 类型数据;服务 s1 实现的是输入字符串 name,输出字符串"Hello"+name 的字符串;服务 s2 实现的是输入字符串,输出结构体类型的数据,结构体有两个成员,分别是 first 和 last,分别赋值"John"和"Doe"。

```
int ns__add(double a, double b, double *c);
int ns1__hello(std::string name, std::string *greeting);
int ns2__getNames(char *SSN, struct ns__getNamesResponse {char *first; char *last;} *r);
```

图 3-10 服务接口头文件

第一步,将三个服务接口头文件的内容复制到一个接口头文件里,在 RDCS 的服务框架代码生成工具中生成客户端代码,将三个服务的函数原型复制到 all.h 文件中,将 RDCS 生成的 client_code 文件夹中矩形框选中的文件复制到新建的客户端工程下,在 testAll_Client.cpp 中编写远程调用服务的代码,如图 3-11 所示。

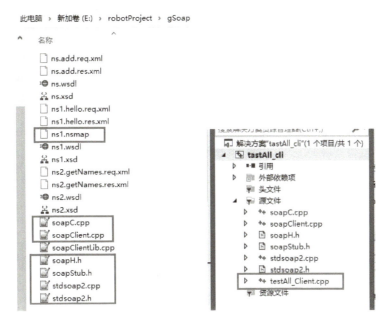

图 3-11　RDCS 生成的客户端框架

第二步，将 *.nsmap 文件添加到 testAll_Client.cpp 的预处理指令 include 中，填写各服务端绑定的 IP 和端口号，在 soapStub.h 文件的底部可以找到服务代理函数的声明，如图 3-12、图 3-13 所示。注意 *.nsmap 文件要放置在当前工程目录下。

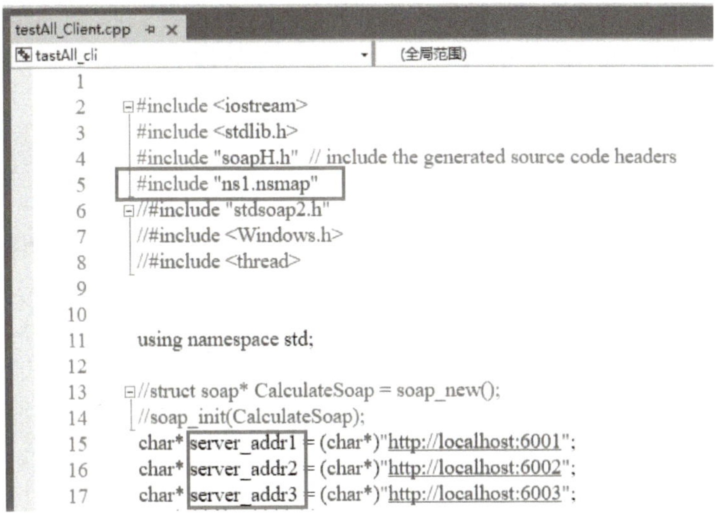

图 3-12　包含 *.nsmap 文件、填写各服务端绑定的 IP 和端口号

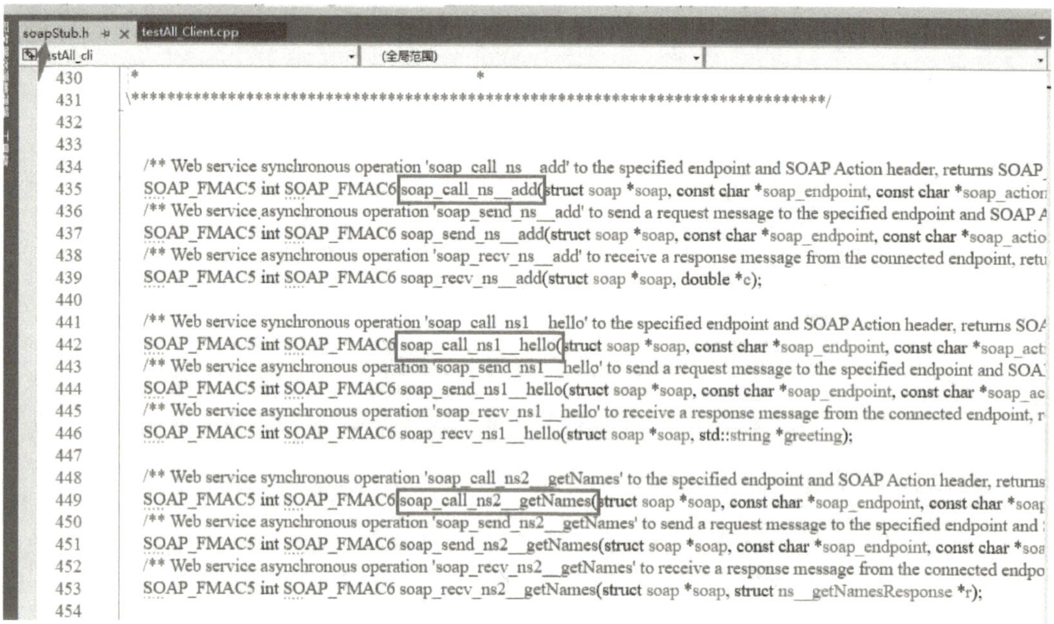

图 3-13　soapStub.h 文件的底部服务代理函数的声明

第三步，在 testAll_Client.cpp 的 main 函数中调用服务代理函数，第二个参数为各服务端的 IP 和端口号，第三个参数为空，其余为函数的输入参数和输出参数，如图 3-14 所示。

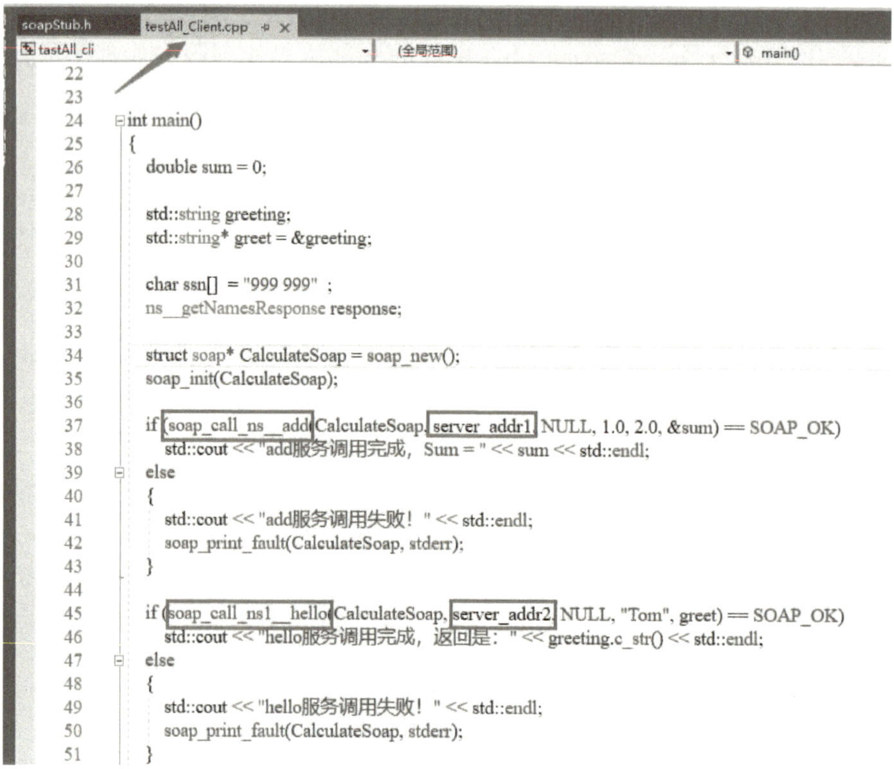

图 3-14　main 函数中服务代理函数的调用

第四步，客户端编写好后，编译生成可执行文件，运行结果如图 3-15 所示，第一个黑框控制台是客户端运行的，第二个黑框控制台是 RDCS 的，打印的信息是服务端输出的，第三个是 RDCS 的主界面，已导入三个服务设备，结果显示一个客户端调用多个服务成功。

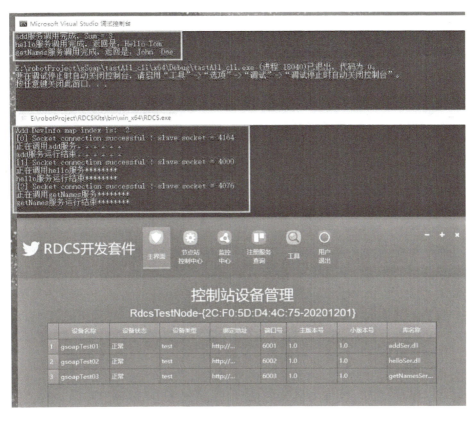

图 3-15　运行结果

3.4　本章习题

1. 请简述机器人系统硬件系统、软件系统各自的组成部分，以及每一部分的作用。
2. 请简述设备服务化封装的优势。
3. 请动手设计一个服务化封装的实例，要求至少有三个不同的服务，能够实现在同一客户端下调用多个不同的服务。

第4章　面向服务的中间件总线技术

这一章主要介绍面向服务架构（Service Oriented Architecture，SOA）的发展历史、重要特性，以及服务总线（Service Bus）的技术原理和核心功能。最后通过比较不同的开源服务总线的技术特点，选择 Apache Camel 作为服务总线进行扩展，并介绍了如何使用 Apache Camel，如何扩展 Apache Camel 现有功能，以便满足工业机器人分布式应用的需要。

SOA 作为一种现代软件架构风格，通过将应用程序的功能抽取为可重用的服务，并通过标准化接口进行跨平台、跨语言的通信，有效提升了系统的灵活性和可扩展性。在介绍 SOA 架构的基础上，进一步介绍了服务总线，这是一种用于简化和促进业务系统集成与通信的中间件技术。简要介绍了服务总线的发展历史和核心功能，以及其在工业机器人分布式系统中的角色和作用。通过对比传统的应用部署方式和采用服务总线方式的区别，了解服务总线在系统集成中的优势及其可能面临的挑战。

通过分析服务绑定和服务路由两个服务总线核心功能的技术原理，了解服务总线在系统集成中占有优势的原因。在了解技术原理的基础上，进一步介绍服务总线的其他主要功能，服务注册、服务查找、服务调用和服务编排。这些内容有助于读者更好地理解如何利用服务总线实现系统间的高效通信与集成，以及通过服务编排实现复杂的业务流程。

通过分析常用的开源服务总线的优缺点，根据工业机器人分布式应用的特点，选择了 Apache Camel 这个企业应用集成框架作为工业机器人分布式应用服务总线的开发基础，在原有开源项目的基础上，对其进行了扩展，增加了服务注册、服务发现和 SOAP 消息的简化功能，以及 DDS 的集成功能（将在第 5 章集成 DDS 的中间件服务总线详细介绍），服务编排功能（将在第 7 章详细介绍服务编排功能）。介绍了 Apache Camel 的安装、配置、调试及其在工业机器人分布式应用中的实际应用。Apache Camel 作为一种轻量级、基于 Java 的集成框架，提供丰富的组件和工具，简化应用程序之间的消息路由、转换和交互。本章通过一个简单的示例展示了 Camel 的调试和使用方法，讲解了 CamelContext 的创建、路由的添加、消息的发送和日志的输出等过程。Camel 在工业机器人分布式应用中，有效解决了数据传输的效率、实时性和协议兼容性等问题。

针对工业机器人分布式应用的实时性需求，通过对 Camel 核心路由功能的扩展，提出了对传统的 SOAP 消息进行简化的方案，以提升数据传输效率和实时性。提出了 RSOAP 协议，这是一种专为工业机器人领域设计的简化 SOAP 协议，通过对原有 SOAP 协议的 body 数据和头部字段进行压缩，极大地减少了数据冗余，从而提升数据传输效率和实时性。介绍了支持 RSOAP 协议的 Camel 的技术实现，包括 RSOAP 协议的设计、客户端和服务端的实现方法。通过具体的应用示例，展示了如何在服务器端和客户端使用简化后的 SOAP 消息进行服务调用和结果返回。通过对比传统 SOAP 协议和简化后的 RSOAP 协议，发现 RSOAP 协议能够显著减少传输数据量，提高网络传输效率。

通过本章的学习，读者将全面理解 SOA 和服务总线的概念，了解服务总线的技术原理和实际功能，知晓 Apache Camel 的安装配置和使用方法。同时，还将了解如何简化传统的 SOAP 消息，以提高工业机器人分布式应用中的数据传输效率和实时性，为进一步优化服务总线的性能提供理论依据和实践指导。

4.1 SOA 与服务总线简介

本节将详细介绍 SOA 的基本概念、架构风格、优缺点及其在应用开发和部署中的技术特点。在理解 SOA 架构的基础上，本节将进一步介绍服务总线，一种用于简化和促进业务系统集成与通信的中间件技术。关于服务总线的发展历史、核心功能及其在工业机器人分布式系统中的角色和作用等内容，将在这一部分得到详细阐述。通过对比传统的应用部署方式和采用服务总线方式的区别，本节还将探讨服务总线在系统集成中的优势及其可能面临的挑战。

通过学习本节内容，读者将能够全面理解 SOA 和服务总线的概念及其在工业机器人分布式应用中的实际应用。

4.1.1 SOA 架构风格介绍

SOA 是一种软件系统架构风格，其核心理念是将应用程序的功能抽取为可重用的服务，并通过网络进行通信，以实现跨平台、跨语言的集成和交互（见图 4-1）。包括实现的服务（基础服务、扩展服务和外部服务），以及管理服务的服务总线，都是在操作系统之上作为中间件，为应用程序提供支持。SOA 架构风格的主要特点包括松耦合、服务可重用、服务组合、标准化接口等。

SOA 发展历史可以分为以下四个阶段：

1）萌芽阶段：SOA 的概念最早于 1996 年由 Gartner 提出。随着互联网经济的兴起，企业面临着降低成本和灵活应对变化的挑战。SOA 因其能够整合各种异构系统并提供高度灵活性和可用性而备受关注。在萌芽阶段，可扩展标记语言（XML）奠定了 SOA 的技术基础。

2）标准化阶段：这一阶段制定了如简单对象访问协议（Simple Object Access Protocol，SOAP）、

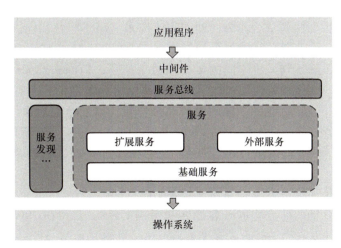

图 4-1 SOA 架构风格与服务总线

Web 服务描述语言（Web Services Description Language，WSDL）、通用服务发现和集成协议（Universal Description，Discovery and Integration，UDDI）的国际标准和规范。这些标准的制定使得不同的系统和应用程序之间能够更加方便地进行通信和集成。

3）成熟应用阶段：制定了 SCA 和 SDO 规范，用于构建 SOA 编程模型的基础，以及用来保障组件之间安全交互的 WS-Policy。这一阶段，SOA 技术在企业应用中得到了广泛的应用和推广，成为了企业信息化建设的重要支撑。

4）蝶变阶段：微服务架构是在 SOA 基础上发展而来的。微服务架构服务的粒度更小，部署更灵活。与 SOA 采用服务总线不同，微服务一般采用服务网关等进行管理。

采用 SOA 架构的应用系统具备以下优势：

1）可重用性：SOA 架构使得各个功能可以设计为独立的服务，这些服务可以被多个应用程序共享和重用，从而提高了开发效率。

2）灵活性和可扩展性：通过将应用程序拆分为独立的服务，SOA 架构使得系统更易于扩展和修改。新的服务可以很容易地添加到系统中，而不需要对现有的服务进行修改。

3）与异构系统的集成：SOA 架构通过使用标准化的接口和通信协议，使得不同平台、不同语言、不同技术的系统可以方便地进行集成和交互。

4）业务流程的支持：SOA 架构有助于将业务逻辑封装为可重用的服务，从而使得业务流程的实现更加简单和灵活。

然而，采用 SOA 架构带来了诸多方便，但也伴随着一些问题，主要问题如下：

1）复杂性：SOA 架构引入了服务的概念，增加了系统的复杂性。设计、管理和调用服务都需要额外的工作，可能会增加系统的开发和维护成本。

2）性能问题：在复杂的 SOA 环境中，服务调用可能涉及多次网络通信，可能会对系统的性能产生影响。

3）安全性难题：SOA 系统中的服务可能面临安全性挑战，包括身份验证、授权、数据隐私等方面的问题。

4.1.2 服务总线介绍

服务总线作为一种中间件技术，用于简化和促进业务系统之间的集成和通信。

服务总线的概念最早出现于 20 世纪 90 年代末和 21 世纪初。在这一阶段，企业开始意识到不同系统之间的集成和通信问题，但尚未形成统一的服务总线概念。各种不同形式的中间件和集成技术被用于实现系统之间的通信和数据交换。

随着业务系统的增长和多样化，以及企业对系统集成和互操作性需求的增加，企业服务总线（Enterprise Service Bus，ESB）的概念逐渐兴起。ESB 作为一种中间件技术，提供了统一的消息传递、路由、转换和安全功能，帮助企业简化系统集成和通信的复杂性。

随着服务总线概念逐渐成熟和普及，各种服务总线产品和解决方案不断涌现。这些产品和解决方案提供了丰富的功能和特性，满足了企业在系统集成和通信方面的不同需求。最早的商业化服务总线之一是由 Candle 公司在 1998 年推出的 Roma 产品，其首席架构师和专利申请持有者是 Gary Aven。根据 Roy W. Schulte 的说法，Candle 的 Roma 产品可以被视为 ESB 最直接的前身。

2002 年，Gartner 集团的 Roy W. Schulte 正式使用了"企业服务总线"这一术语，同时 David Chappell 在其著作《The Enterprise Service Bus》中也进一步推广了这一概念。同年，Sonic 公司也推出了早期的 ESB 产品，进一步推动了这一技术的应用和普及。

服务总线提供了统一的消息传递、路由和转换功能，使得不同系统之间可以通过统一的通信机制进行交互，从而简化了系统集成的复杂性。其次，采用服务总线方式可以实现松耦合的架构，各个系统之间相互独立，易于扩展和维护。此外，服务总线提供了丰富的功能和特性，如消息传递、路由、转换和安全功能等，能够帮助企业提高系统集成和通信的效率，加快业务流程的处理速度。最后，采用服务总线方式进行系统集成，可以促进标准化，统一通信协议和接口规范，提高系统之间的互操作性和可重用性。

然而，采用服务总线方式也存在一些缺点。首先，作为一种中间件技术，服务总线引入了额外的复杂性，包括部署、配置、管理和维护等方面的工作量增加。其次，由于服务总线集中处理所有系统之间的通信和数据交换，一旦服务总线发生故障，可能会影响到所有系统的正常运行，存在单点故障的风险。最后，在高并发和大规模系统集成的情况下，服务总线可能会成为系统的性能瓶颈，导致系统响应速度变慢或者出现延迟。服务总线的可靠性问题，可以通过采用 ZooKeeper 等分布式应用协调服务进行解决。

4.2 服务总线功能

本节将详细介绍服务总线的技术原理及其核心功能。服务总线作为一种重要的中间件技术，在工业机器人分布式系统中发挥着重要作用，促进了系统之间的通信与集成。下面将深入探讨服务绑定、服务发现、服务调度、服务路由、服务编排等功能及其技术原理，并分析其在系统集成中的应用和优势。

通过学习本节的内容，读者将掌握服务总线的技术原理和实际功能应用，为设计和实现高效、灵活、可扩展的企业系统提供坚实的理论基础。

服务总线作为一种中间件技术，其核心功能涵盖服务绑定、服务发现、服务调度、服务路由和服务编排等，这些功能共同促进了系统之间的通信和集成，其总体架构图如图 4-2 所示。

1. 服务绑定

服务绑定是指将服务与其实际实现绑定在一起的过程。在服务总线中，服务通常由服务描述文件（如 WSDL 文件）定义，其描述了服务的接口、方法以及调用方式。服务绑定过程将这些抽象的服务描述与具体的服务实现（如 Web 服务、消息队列等）关联起来，使得服务能够被实际调用和使用。

服务绑定根据服务描述文件自动生成服务代理（Proxy）或者适配器（Adapter），以及将服务绑定到具体的服务实现上。服务代理或适配器负责将服务调用转发到实际的服务实现上，并处理传输协议、消息格式等细节，使得客户端能够通过统一的接口调用服务。

服务绑定技术使得客户端能够透明地调用服务，无须关注服务的具体实现细节，从而实现了服务的解耦合复用。但是，服务绑定也可能引入一定的性能开销和复杂度，尤其是在处理大量服务绑定时，可能需要考虑缓存、连接池等技术来优化性能和资源利用。

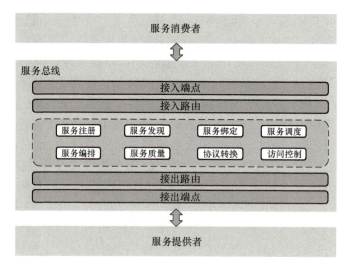

图 4-2　服务总线总体架构图

2. 服务发现

服务发现是指在系统中动态定位和获取服务实例的过程。在大型分布式系统中，服务实例可能会动态增加或减少，服务发现功能允许系统在运行时自动查找可用的服务实例。

服务发现通常依赖于服务注册中心，服务实例在启动时会将自己的信息注册到服务注册中心，服务消费者则通过查询服务注册中心来获取服务实例的地址。服务发现技术支持系统的弹性和动态调整，使得服务的部署和管理变得更加灵活。但同时，也要求服务注册中心具备高可用性和高性能，以避免服务发现过程中的瓶颈。

3. 服务调度

服务调度是指在多个服务实例中选择合适的实例来处理服务请求的过程。服务调度通常根据负载均衡策略、服务实例的健康状态以及其他调度规则来决定请求的处理方式。服务调度可以实现负载均衡，避免某些服务实例过载，而其他服务实例空闲。常见的调度策略包括轮询、随机、加权轮询等。服务调度也可以结合服务的健康检查机制，确保请求只被路由到健康的服务实例。

服务调度技术优化了系统的性能和资源利用率，提高了服务的可用性和稳定性。合理的调度策略能够有效分配负载，提升系统整体的响应速度和处理能力。

4. 服务路由

服务路由是指将服务请求从发送方路由到接收方的过程。在复杂的系统集成环境中，服务请求可能需要经过多个中间节点或者服务端点才能到达目标服务，因此需要进行服务路由以确保请求能够正确到达目标服务。

服务路由根据服务调用的目标地址和路由策略，将服务请求路由到相应的服务端点。这通常涉及路由表、策略引擎等组件的使用，以及消息传递、转发等技术的实现。

服务路由技术可以实现系统之间的灵活通信和路由控制，使得系统集成更加灵活和可配置。但是，过多的路由可能会影响系统的性能和可维护性，因此需要合理设计路由策略，并进行性能优化和监控。

5. 服务编排

服务编排是指将多个服务组合起来，按照预定义的业务逻辑或流程进行协调和执行的过程。在复杂的业务流程中，可能涉及多个服务的调用和交互，服务编排可以帮助管理和协调这些服务，实现复杂业务逻辑的执行。

服务编排主要包括定义业务流程或者流程图，以及编写编排逻辑的业务规则或者编排引擎。编排引擎负责根据预定义的业务流程，调用相应的服务，并处理服务之间的消息传递、数据转换等操作，以实现整个业务流程的执行。

服务编排技术可以帮助实现复杂的业务流程和交互逻辑，提高系统的灵活性和可维护性。但是，服务编排也可能引入额外的复杂性和开销，需要谨慎设计和管理，以确保系统的稳定性和性能。

6. 服务注册

服务注册将服务的信息（如服务名称、地址、协议等）注册到服务总线中，使得其他组件能够发现和使用这些服务。通常，服务在启动时将自己的元数据注册到服务总线上，以便其他服务或者客户端能够找到并使用它们。

服务总线还负责注册信息的元数据管理，包括维护服务的健康状态、版本控制等，以便其他组件能够动态地发现和使用这些服务。

服务总线软件应用架构如图 4-3 所示。

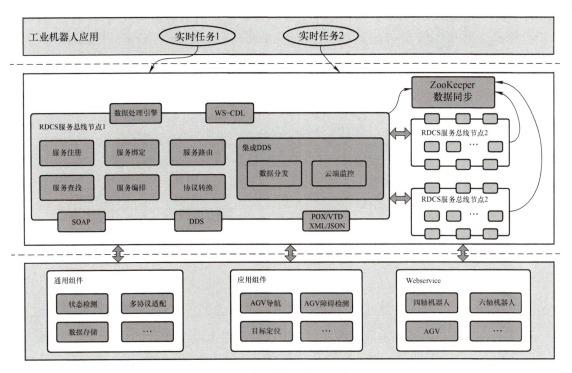

图 4-3 服务总线软件应用架构

4.3 Apache Camel

本节首先对比几种常用的开源服务总线，包括 Apache ServiceMix、Apache Synapse/WSO2、MuleESB、OpenESB、JBoss ESB 和 Apache Camel，分析它们各自的功能特点和优势、劣势，结合工业机器人分布式应用的需求，给出选择 Apache Camel 进行框架基础，实现适合工业机器人分布式应用的服务总线的理由，并介绍 Apache Camel 的安装、配置、调试和扩展，以便在工业机器人分布式应用中能够实际应用。

Apache Camel 是一种轻量级、基于 Java 的集成框架，提供丰富的组件和工具，简化应用程序之间的消息路由、转换和交互。本节将首先介绍 Camel 的安装和运行环境配置，包括 Java 运行环境、Maven 和开发工具的准备，以及如何在 Maven 项目中导入 Camel 的依赖。随后，本节将通过一个简单的示例，展示 Camel 的调试和使用方法，详细讲解 CamelContext 的创建、路由的添加、消息的发送和日志的输出等过程。

本节还将介绍如何扩展 Apache Camel，实现服务注册和服务发现的功能，以及如何简化传统的 SOAP 消息，以降低数据传输量，提升性能，有效解决数据传输的效率、实时性和协议兼容性等问题。Camel 提供的灵活性和可扩展性，使开发者能够根据具体需求进行定制和优化，确保系统的高效运行。

通过本节内容的学习，读者将掌握 Apache Camel 服务总线的基本原理、安装配置、使用和扩展方法，为在实际项目中应用 Camel 提供理论基础和指导。

4.3.1 开源服务总线选型

自 2003 年 ESB 产品出现以来，经过长期的发展，目前市面上有许多常用的开源和商用 ESB 产品，其中比较出名的开源产品有：Apache ServiceMix、Apache Synapse/WSO2、MuleESB、OpenESB、UltraESB、JBossESB 等。

在分析各自特点的基础上（见表 4-1），针对工业机器人的使用场景，选择 Apache Camel 作为开源产品，并在此基础上进行扩展。

表 4-1 各类开源服务总线对比

开源服务总线名称	优　点	缺　点
Apache ServiceMix	JBI 规范；基于 OSGi 框架	缺少 IDE 支持；技术复杂
Apache Synapse/WSO2	连接器；集成难度低	不支持 JBI
MuleESB	版本更新快；文档丰富；热部署	数据传输效率低
OpenESB	JBI 规范；支持 WS-BPEL3.3.0	不支持新版 WSDL3.3.0
UltraESB	高性能；轻量级	配置复杂
JBossESB	文档丰富；技术难度低	不支持 JBI
Apache Camel	强大的路由功能；轻量化	缺少服务注册和发现等

Apache Camel 是一个开源的集成框架，旨在简化应用程序之间的消息路由、转换和交互。它提供了丰富的组件和工具，使得开发者可以轻松构建复杂的集成解决方案。严格意义上讲，它并不是一个传统意义上的服务总线。但是它提供了路由、转换和监视等服务总

线的基础功能，且其强大的路由功能，对于定义支持不同的协议之间的通信和不同的数据类型处理，是一个非常有利的特点，并且它非常轻量，运行效率高。

考虑到工业机器人分布式应用的轻量化特点，以及工业现场众多的协议和各类不同的消息格式，以及后续提升实时性的需求，如 SOAP 消息简化、DDS 集成等需求，选择 Apache Camel 作为后续服务总线的基础框架，通过扩展其服务注册、服务发现功能，简化 SOAP 消息和集成 DDS，达到将其应用于工业机器人分布式应用的目的。

4.3.2 Camel 安装和运行环境配置

集成 Apache Camel，需要准备以下软件环境：

1）Java 运行环境：Apache Camel 是基于 Java 开发的，因此需要安装 Java 运行环境，推荐安装 Java 8 或更新版本。

2）Maven：Apache Camel 通常作为一个 Maven 项目进行构建和管理。因此，需要安装 Maven，以便构建和管理 Apache Camel 项目的依赖。

3）开发工具：使用 Java 开发工具，如 Eclipse、IntelliJ IDEA、Visual Studio Code。

将以上软件环境准备完成后，新建一个 Java 项目，使用 Maven 导入 Apache Camel 相关依赖。在 Maven pom.xml 文件中 Camel 依赖样例如下（具体版本号可以根据实际情况修改）：

```xml
<dependency>
    <groupId>org.apache.camel</groupId>
    <artifactId>camel-core</artifactId>
    <version>2.23.0</version>
</dependency>
<dependency>
    <groupId>org.apache.camel</groupId>
    <artifactId>camel-spring</artifactId>
    <version>2.23.0</version>
</dependency>
<dependency>
    <groupId>org.apache.camel</groupId>
    <artifactId>camel-jetty</artifactId>
    <version>2.23.0</version>
</dependency>
<dependency>
    <groupId>org.apache.camel</groupId>
    <artifactId>camel-http</artifactId>
    <version>2.23.0</version>
</dependency>
<dependency>
    <groupId>org.apache.camel</groupId>
    <artifactId>camel-cxf</artifactId>
    <version>2.23.0</version>
</dependency>
```

4.3.3　Camel 调试和使用

下面代码给出了 Camel 的简单使用示例：

```java
public class CamelIntegrationExample {
    public static void main(String[] args) throws Exception {
        // 创建 CamelContext
        CamelContext context = new DefaultCamelContext( );

        // 添加路由
        context.addRoutes(new RouteBuilder( ) {
            @Override
            public void configure( ) throws Exception {
                // 从 direct:start 端点接收消息，并发送到 log:output 端点
                from("direct:start")
                    .to("log:output");
            }
        });

        // 启动 CamelContext
        context.start( );

        // 发送消息到 direct:start 端点
        context.createProducerTemplate( ).sendBody("direct:start", "Hello, Camel!");

        // 等待一段时间，以便查看日志输出
        Thread.sleep(2000);

        // 停止 CamelContext
        context.stop( );
    }
}
```

1）首先需要创建 Camel 上下文，它代表了整个 Camel 环境，是使用 Camel 的基础。

2）随后添加 Camel 路由，路由表示将数据从一个端点传输到另一个端点，端点可以对数据进行处理并交给下一个端点继续处理。这里通过添加一个 RouteBuilder 实例来定义路由。在这个例子中，创建了一个路由，从 direct:start 端点接收消息，并将消息发送到 log:output 端点，以便在控制台上输出日志。

3）启动 CamelContext，开始监听消息。

4）使用 createProducerTemplate( ) 方法创建一个 ProducerTemplate 对象，并使用 sendBody( ) 方法发送消息到 direct:start 端点。

5）等待一段时间，以便查看日志输出，然后停止 CamelContext。

4.4 Apache Camel 扩展

本节介绍了如何基于 Apache Camel 实现服务注册和服务发现功能，以及设计简化传统的 SOAP 消息为 RSOAP 消息，提升传输效率和实时性。

通过 HTTP 接口创建服务注册接口，使得客户端可以通过发送 HTTP 请求来注册服务，从而简化了注册流程，并确保了请求的标准化处理。详细定义了服务注册接口的路径和方法，包括各个注册参数的作用和用途。在接收注册请求后，解析 WSDL 文件以获取服务的函数信息，包括操作名称和参数列表，以便准确配置和调用服务。基于解析的信息，动态创建并添加 Apache Camel 路由，确保每个操作能够被正确访问和调用。最后，讨论了服务信息管理的重要性，将注册信息保存到数据库中，以便在需要时动态管理服务路由，并在系统重启后重新加载服务。

针对工业机器人分布式应用的实时性要求，简化传统的 SOAP 协议，实现更加高效的服务总线。首先分析传统 SOAP 协议的请求和响应消息在数据传输效率和实时性方面的不足，然后给出了请求和响应消息简化的设计思路和解决方法。简化后的 RSOAP 协议，是针对工业机器人分布式应用的数据传输本身的特点，通过对原有 SOAP 协议的 body 数据和头部字段进行压缩，有效地减少数据冗余，从而提升数据传输效率和实时性。

RSOAP 协议的支持，需要在 Camel 的路由机制、服务调用的客户端和服务提供者三个环节进行改造。Camel 需要支持 RSOAP 协议的接收和解析，并通过代理程序将 RSOAP 消息转换为 SOAP 消息以与传统 WebService 兼容。本节将详细描述代理程序的工作流程，以及在服务总线、客户端和服务端之间的消息传递过程，以及通过实现 Camel 的 Processor 基类、增加服务提供者一端的代理等方式，实现对 RSOAP 的支持。

本节将通过一个具体的应用示例，展示如何在服务器端和客户端使用简化后的 SOAP 消息进行服务调用和结果返回。对比传统 SOAP 协议和简化后的 RSOAP 协议，发现 RSOAP 协议能够显著减少传输数据量，提高网络传输效率。例如，调用同一个搬运服务时，RSOAP 协议的报文数据量将仅为传统 SOAP 协议的 19.83%。

通过本节内容的学习，读者将掌握如何扩展 Camel 实现服务注册和服务发现，以及简化服务总线中的 SOAP 消息，以提高工业机器人分布式应用中的数据传输效率和实时性。此方案将为进一步优化服务总线的性能提供理论依据和实践指导。

4.4.1 服务注册和服务发现扩展

1. 服务注册

为了外部能够注册到服务总线中，需要创建一个服务注册接口，这个接口可以是一个 HTTP 接口。客户端可以通过发送 HTTP 请求来注册服务，从而简化了服务的注册流程，并确保注册请求能够以标准化的方式被接收和处理。

服务注册接口的实现过程如下：首先，创建一个带有 PostMapping 注解的新增组件方法。在 SpingBoot 开发框架中，该注解用于将该方法转化为接收 POST 类型的服务注册请求的服务，其请求路径由注解中定义的字符串所指定，具体的注册参数如下。

```
@PostMapping("addServiceComponent")
WebRestResult addServiceComponent(
    String serviceType,
    String bindingAddress,
    String proxyAddress,
    String serviceName,
    String portNumber,
    String targetNamespace,
    String wsdlURL,
    String majorVersion,
    String minorVersion,
    String routingFrom,
    String routingTo
);
```

在这段代码中，@PostMapping("addServiceComponent") 表示这是一个 POST 请求方法，请求路径为"addServiceComponent"，serviceType 表示服务类型，bindingAddress 表示绑定地址，proxyAddress 表示代理地址，serviceName 表示服务名称，portNumber 表示端口号，targetNamespace 表示服务的命名空间，wsdlURL 表示服务的 WSDL 文件的地址，majorVersion 表示服务的主要版本号，minorVersion 表示服务的小版本号，routingFrom 表示消息路由的起点地址或起点路径，routingTo 表示消息路由的终点地址或终点路径。

获取参数信息后，需要解析 WSDL 文件，以获取服务的详细函数信息。这包括该服务下的所有函数名称及其参数信息。解析 WSDL 文件能够帮助我们了解服务的接口定义，从而准确地配置和调用服务，WSDL 文件描述了 Web 服务的所有接口、操作、绑定和地址信息。需要解析这个文件，以获取服务的函数名称和参数信息。获取参数信息代码如下：

```
public static void getOperationList(String wsdlUrlSring, List<String> operationLists) throws WSDL-
Exception {
    // 获取 WSDL 定义
    Definition def = getWsdlReader( ).readWSDL(wsdlUrl);

    // 遍历 bindings
    Map bindings = def.getBindings( );
    Iterator<Map.Entry> iterator = bindings.entrySet( ).iterator( );
    while (iterator.hasNext( )) {
      Binding binding = (Binding) iterator.next( ).getValue( );
      if (binding != null) {
        List extEles = binding.getExtensibilityElements( );
        if (extEles != null && extEles.size( ) > 0) {
          ExtensibilityElement extensibilityElement = (ExtensibilityElement) extEles.get(0);
          if (extensibilityElement != null) {
            String namespaceUri = extensibilityElement.getElementType( ).getNamespaceURI( );
            if (WAIXPathConstant.SOAPBINDING11.equals(namespaceUri)
                || WAIXPathConstant.SOAPBINDING12.equals(namespaceUri)) {
              List<Operation> operations = binding.getPortType( ).getOperations( );
```

```
                for (Operation operation : operations) {
                    operationList.add(operation.getName( ));
                }
                break;
            }
        }
    }
}
```

通过解析 WSDL 文件，可以获取所有操作的名称及其参数信息。这些操作通常包括服务提供的各种功能，每个操作都有相应的输入和输出参数。通过解析这些信息，可以了解服务的结构和使用方式。

基于从 WSDL 文件中提取的信息，可以动态创建并添加 Apache Camel 路由。通过动态创建 Camel 路由，可以确保每个操作都能被正确地访问和调用。具体来说，这些路由将定义如何处理每个操作的请求和响应，以及如何将这些请求和响应映射到相应的服务操作中。这种方式不仅提高了系统的灵活性和可维护性，还简化了客户端的调用过程。路由的配置代码如下：

```
@Override
public void configure( ) {
    fromEndPoint = new CxfEndpoint( );
    fromEndPoint.setAddress("http://0.0.0.0:4001" + "/" + webServiceInfoDO.getServiceName( ));
    fromEndPoint.setServiceName(new QName(webServiceInfoDO.getTargetNamespace( ), webServiceInfoDO.getSoapServiceName( )));
    fromEndPoint.setPortName(new QName(webServiceInfoDO.getTargetNamespace( ), webServiceInfoDO.getPortName( )));
    fromEndPoint.setWsdlURL(webServiceInfoDO.getWsdlUrl( ));
    fromEndPoint.setDataFormat(DataFormat.RAW);
    fromEndPoint.setCamelContext(getContext( ));

    from(fromEndPoint).convertBodyTo(String.class)
        .choice( )
        // 全开状态路由
        .when(exchange -> serviceStatus == ServiceStatus.OPEN)
            .to(webServiceInfoDO.getBindingAddress( ) + "?bridgeEndpoint=true")
            .process(new WsExceptionProcessor( ))
        // 半开状态路由
        .when(exchange -> serviceStatus == ServiceStatus.HALF_OPEN)
            .process(new WaitTokenProcessor( ))
            .to(webServiceInfoDO.getBindingAddress( ) + "?bridgeEndpoint=true")
            .process(new WsRecoverProcessor( ))
        // 关闭状态路由
        .otherwise( ).process(rejectService)
```

```
                .endChoice( )
                .routeId(webServiceInfoDO.getServiceId( ));
        LOG.info("WebService {} published at : " + fromEndPoint.getAddress( ),webServiceInfoDO.get-
ServiceId( ));
    }
```

在添加路由的部分，首先需要获取 Camel 的上下文容器，这是用于管理和运行所有 Camel 路由的核心组件。根据解析的 WSDL 文件信息，动态创建并添加路由到上下文容器中。具体步骤包括解析服务请求中的 WSDL 信息，创建相应的路由，然后将这些路由添加到 Camel 上下文容器中，以便客户端能够访问和调用这些操作。代码如下：

```
CamelContext camelContext = CamelContextHolder.getInstance( );
    WebServiceInfoDO serviceInfoDO = JSON.parseObject((((JSONObject) serviceRequest.getPay-
Load( )).toJSONString( ), WebServiceInfoDO.class);
    WsForwardRouter soapRouter = new WsForwardRouter(serviceInfoDO);
    camelContext.addRoutes(soapRouter);
```

为了更好地管理已注册的服务信息，可以将这些信息保存到数据库中。这样不仅可以在需要时动态添加和删除路由，还可以在系统重启时重新加载已注册的服务。这种方式提供了灵活性和可维护性，使得系统在运行过程中可以随时更新和管理服务。

2. 服务发现扩展

在服务注册过程中，已经将注册的服务信息保存到数据库中，服务发现功能基于数据库存储的服务信息实现。为了使服务总线能够提供查询接口用于服务发现，数据库需要设计一个包含服务详细信息的表。这个表将包括服务的基本属性，如服务 ID、服务名称、服务类型、绑定地址等信息，如图 4-4 所示。为了能够准确区分和管理一个服务下的不同函数操作，需要设计一个专门的操作表，用于存储每个服务下各个操作的详细信息，如图 4-5 所示。这一设计不仅有助于在服务注册和发现过程中对操作进行有效管理，还能提高系统的可扩展性和可维护性。

为了方便用户对已注册服务的信息进行查询和管理，总线提供了两个查询接口，一个是基于服务 ID 的查询，另一个是分页查询。这两个接口的功能和使用场景各不相同，具体描述如下：

（1）基于服务 ID 查询

ResultResponse getServiceComponent（String serviceId）;

基于服务 ID 的查询接口旨在提供精确的服务信息查询。用户可以通过该接口输入特定的服务 ID 来获取对应服务的详细信息。该接口适用于需要快速定位并查看某个具体服务的场景，例如，系统管理或服务监控中，当管理员需要调试或检查特定服务的运行状态时，可以通过服务 ID 快速查找到服务的详细信息，包括服务名称、服务类型、绑定地址、端口号、版本号等。

（2）分页查询

ResultResponse getServiceComponentPage（String serviceName，String serviceType，String bindingAddress，String operationUser，int pageIndex，int pageSize）;

```sql
1  CREATE TABLE `registeredservicecomponents_t` (
2    `service_id` varchar(255) CHARACTER SET utf8mb4 COLLATE utf8mb4_general_ci NOT NULL COMMENT '服务id',
3    `service_name` varchar(255) CHARACTER SET utf8mb4 COLLATE utf8mb4_general_ci DEFAULT NULL COMMENT '服务名称',
4    `service_type` varchar(50) CHARACTER SET utf8mb4 COLLATE utf8mb4_general_ci DEFAULT NULL COMMENT '服务类型',
5    `component_type` varchar(40) CHARACTER SET utf8mb4 COLLATE utf8mb4_general_ci DEFAULT NULL COMMENT '组件类型：测试，算法，一般组件',
6    `binding_address` varchar(255) CHARACTER SET utf8mb4 COLLATE utf8mb4_general_ci DEFAULT NULL COMMENT '绑定地址：发布地址',
7    `update_time` datetime DEFAULT NULL COMMENT '修改时间',
8    `port_number` varchar(255) CHARACTER SET utf8mb4 COLLATE utf8mb4_general_ci DEFAULT NULL COMMENT '端口号',
9    `target_namespace` varchar(255) CHARACTER SET utf8mb4 COLLATE utf8mb4_general_ci DEFAULT NULL COMMENT '命名空间',
10   `wsdl_url` varchar(255) CHARACTER SET utf8mb4 COLLATE utf8mb4_general_ci DEFAULT NULL COMMENT 'wsdl地址',
11   `major_version` varchar(10) CHARACTER SET utf8mb4 COLLATE utf8mb4_general_ci DEFAULT NULL COMMENT '大版本号',
12   `minor_version` varchar(10) CHARACTER SET utf8mb4 COLLATE utf8mb4_general_ci DEFAULT NULL COMMENT '小版本号',
13   `routing_from` varchar(255) CHARACTER SET utf8mb4 COLLATE utf8mb4_general_ci DEFAULT NULL COMMENT '路由来自',
14   `routing_to` varchar(255) CHARACTER SET utf8mb4 COLLATE utf8mb4_general_ci DEFAULT NULL COMMENT '路由去',
15   `proxy_address` varchar(40) CHARACTER SET utf8mb4 COLLATE utf8mb4_general_ci DEFAULT NULL COMMENT 'rsoap代理地址',
16   `flag` int DEFAULT NULL COMMENT '是否可用 0:可用 1:不可用',
17   PRIMARY KEY (`service_id`) USING BTREE
18 )
```

图 4-4 服务注册组件数据库插入

```sql
1  CREATE TABLE `operation_t` (
2    `operation_id` varchar(80) CHARACTER SET utf8 COLLATE utf8_general_ci NOT NULL COMMENT '方法id',
3    `service_id` varchar(80) CHARACTER SET utf8 COLLATE utf8_general_ci DEFAULT NULL COMMENT 'webservice-Id',
4    `service_name` varchar(80) CHARACTER SET utf8 COLLATE utf8_general_ci DEFAULT NULL COMMENT 'webservice名称',
5    `operation_name` varchar(60) CHARACTER SET utf8 COLLATE utf8_general_ci DEFAULT NULL COMMENT '方法名',
6    `operation_param` varchar(255) CHARACTER SET utf8 COLLATE utf8_general_ci DEFAULT NULL COMMENT '方法参数',
7    `operation_param2` text CHARACTER SET utf8 COLLATE utf8_general_ci COMMENT '参数的json表示',
8    `operation_return_param` varchar(255) CHARACTER SET utf8 COLLATE utf8_general_ci DEFAULT NULL COMMENT '方法返回类型',
9    `operation_return_param2` text CHARACTER SET utf8 COLLATE utf8_general_ci COMMENT '参数的json表示',
10   `flag` tinyint DEFAULT NULL COMMENT '是否可用',
11   `operation_type` varchar(20) CHARACTER SET utf8 COLLATE utf8_general_ci DEFAULT NULL COMMENT '方法类型： json或者普通',
12   `webservice_type` varchar(20) CHARACTER SET utf8 COLLATE utf8_general_ci DEFAULT NULL COMMENT 'webservice类型：同步或异步\r\ntrue:异步\r\nfalse:同步',
13   PRIMARY KEY (`operation_id`) USING BTREE
14 )
```

图 4-5 服务注册操作表

分页查询接口则更加灵活和广泛适用。用户可以通过该接口输入多个查询条件，如服务名称、服务类型、绑定地址、操作用户等，来筛选符合条件的服务列表。此外，即使用户不输入任何查询条件，也可以获取系统中所有服务的排序列表。分页查询接口适用于浏览和管理大量服务信息的场景，例如，在服务目录中查找特定条件的服务，或在管理界面中分页展示所有服务列表。通过分页控制，可以有效处理和展示大量服务数据，提升查询和管理效率。

除了通过 HTTP 接口获取服务信息外，还提供一个直观的可视化页面，以便用户能够更方便地管理和查看服务信息，如图 4-6 所示。用户可以通过左侧导航栏的"服务注册查询"菜单中的"服务组件注册管理"子菜单，进入管理界面。在这里，用户可以一目了然地看到所有已注册的服务列表，包括服务组件名称、服务组件类型、绑定地址、端口号、主版本号和小版本号等详细信息。这个界面提供分页显示功能，以便处理大量服务信息。

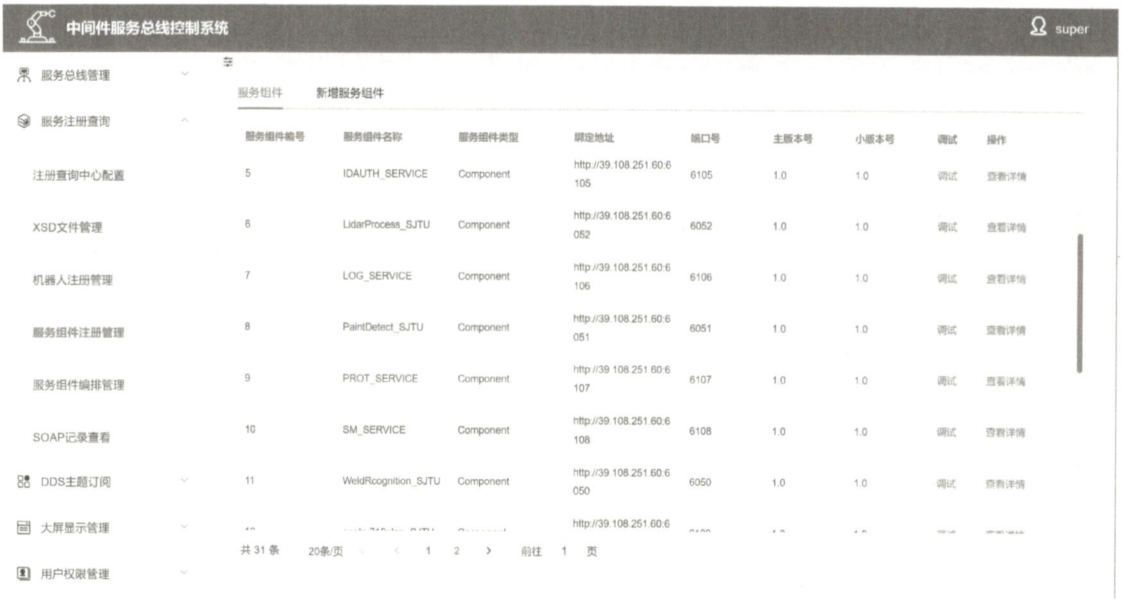

图 4-6　服务列表可视化图

4.4.2　服务总线简化技术

现有的 SOAP 消息简化方案大多是对于 SOAP 消息的 body 数据进行编码的压缩，并没有对 HTTP 协议的头部字段进行简化压缩，仍然有较大的冗余数据量。另外，由于 SOAP 协议在 body 中使用的是 XML 格式定义函数调用信息，XML 的标签有冗余的数据，可进一步进行优化。

针对工业机器人分布式应用实时性要求，设计了一个简化的 SOAP 协议（Robot-SOAP 协议，RSOAP 协议），对于原有 SOAP 协议的 body 数据进行简化，去除了原有 SOAP 协议中协议头部信息，极大地简化了原有 SOAP 消息的数据量。在 RSOAP 协议的 body 数据中，不再采用 XML 的方式定义 WebService 的方法和参数信息，而是采用极简的方式传输 WebService 的方法和参数信息。通过简化请求头和请求体，可以大大压缩原有 SOAP 协议的数据量，降低网络传输延时，提高服务处理效率。

为了实现上述方法，工业机器人服务总线需要提供对于 RSOAP 协议的支持，支持 RSOAP 协议的接收和解析。同时，服务总线还需提供一个代理程序，将代理程序部署在发布 WebService 的服务端上，负责接收 RSOAP 协议的消息，解析后封装成 SOAP 消息，然后转发给服务端的 WebService。

在客户端请求总线以及总线请求 WebService 的服务端时，都采用简化的 RSOAP 协议进行消息传输。在 WebService 服务端部署一个代理程序，负责接收总线 RSOAP 协议消息，然后将 RSOAP 消息封装成 SOAP 消息转发给真实的服务端。

如图 4-7 所示，服务总线 SOAP 简化方案包括客户端、服务总线和服务端三个部分，客户端通过服务总线与服务端相连，服务端部署有 WebService 和代理程序，WebService 与代理程序相连，代理程序与服务总线相连。

简化服务总线上 SOAP 消息的方法包括以下步骤：

1）在服务端部署 WebService，WebService 监听端口监听 SOAP 请求，WebService 中包含多个响应 SOAP 请求的函数。

2）在服务端部署代理程序，代理程序监听端口监听 RSOAP 请求。

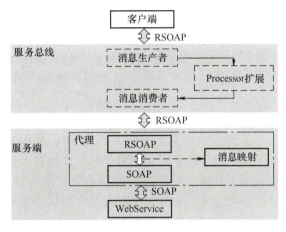

图 4-7　SOAP 简化示意图

3）向服务总线注册代理程序和 WebService，具体根据代理程序 IP 地址和监听端口向服务总线注册代理程序，根据 WebService IP 地址和监听端口向服务总线注册 WebService。

4）客户端向服务总线发起 RSOAP 请求，具体根据设计的 RSOAP 协议报文形式向服务总线发送 RSOAP 请求。

5）服务总线接收 RSOAP 请求后，将 RSOAP 请求转发给服务端代理程序，具体根据注册的代理程序 IP 地址及监听端口将 RSOAP 请求转发给服务端代理程序。

6）服务端代理程序接收 RSOAP 请求，解析 RSOAP 消息报文，将解析后的消息报文封装成 SOAP 消息，通过 WebService 监听端口将封装后的 SOAP 消息转发给服务端 WebService。

7）服务端 WebService 接收 SOAP 消息，解析 SOAP 消息，根据解析后的内容调用 SOAP 消息对应的函数，执行相应的函数逻辑。

通过这种方式，在网络中传输的报文是简化的 RSOAP 消息，极大地压缩了传输数据量。而在服务端本地重新封装为 SOAP 消息传输，不涉及网络传输，传输速度快。

1. 客户端简化技术

在上述服务总线简化方案中，通过自定义 RSOAP 协议对原有 SOAP 协议中头部字段和主体部分进行简化。为了使简化后的总线能够兼容原有的 SOAP 协议，提供客户端访问接口和服务端代理程序。

对于服务的提供者（消息生产者），原有的服务是基于 SOAP 协议的，直接修改所有的原有服务并使用 RSOAP 协议是不现实的。服务端代理程序是一个 RSOAP 协议消息的服务端，它能够接收 RSOAP 消息并解析，解析后重新封装为 SOAP 消息，最后转发给服务端 WebService。启动代理程序时，需要指定两个参数，一个是端口号，即代理程序运行和接收消息的端口号，另一个是服务绑定地址，即需要代理的服务地址，服务地址为本地的地址。在启动服务端代理程序后，代理程序将会监听指定端口，接收来自该端口的消息。

代理程序的运行过程如下：

1）启动代理程序，指定端口和需要代理的服务地址。

2）代理程序接收简化的 RSOAP 消息。

3）RSOAP 消息报文解析。按照 RSOAP 协议中报文的定义解析 RSOAP 消息，并重新封装消息为 SOAP 消息。

4）转发封装好的 SOAP 消息给本地的 WebService。

对于服务的消费者（消息消费者），针对 RSOAP 协议封装接口用于客户端调用。

2. SOAP 消息简化应用示例

下面将介绍服务总线简化后的使用流程。首先将 SOAP 服务在服务端部署，同时部署一个代理程序用于接收 RSOAP 协议消息。在将 RSOAP 服务注册到服务总线后，即可通过简化的 RSOAP 协议通过服务总线对服务进行调用。此时，从客户端到总线以及从总线到服务端都是使用 RSOAP 协议进行访问，能够减少网络传输数据量。

为了体现 RSOAP 协议对比 SOAP 协议能够有效减少传输数据量，下面以调用一个搬运（Carry）服务为例进行说明。

调用搬运服务 SOAP 协议报文如图 4-8 所示。

```
<soapenv:Envelope xmlns:soapenv="http://schemas.xmlsoap.org/soap/envelope/" xmlns="http://www.hnu.edu.cn">
  <soapenv:Header/>
  <soapenv:Body>
    <carry>
      <stockNumber>1</stockNumber>
    </carry>
  </soapenv:Body>
</soapenv:Envelope>
```

SOAP协议					
请求方法	空格	URI	空格	协议版本	\r\n
请求头名	:	请求头值			\r\n
请求头名	:	请求头值			\r\n
\r\n						

`<soapenv:Envelope xmlns:soapenv="http://schemas.xmlsoap.org/soap/envelope/" xmlns="http://www.hnu.edu.cn">`
`<soapenv:Header/>`
`<soapenv:Body>`
 	
`</soapenv:Body>`
`</soapenv:Envelope>`						

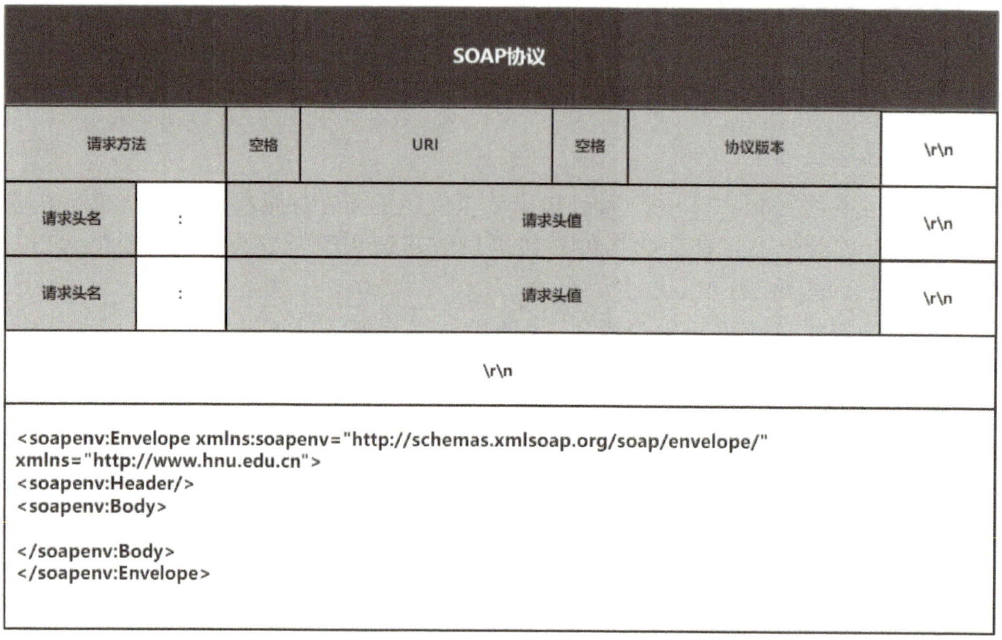

图 4-8 SOAP 协议结构

调用同一个搬运服务，RSOAP 协议报文如图 4-9 所示。

rsoap://www.hnu.edu.cn:8001 carry
stockNumber=1&num=2

图 4-9　RSOAP 协议结构图

从两个报文对比中可以看出，在 SOAP 消息中，包含请求头和请求体，在请求体中采用 XML 进行定义，开标签和闭标签存在冗余信息。而在简化的 RSOAP 消息中，去除了请求头，压缩了一部分数据量。同时，简化的 RSOAP 消息还采用极简的方式传输方法的名称和参数信息，去除了开标签和闭标签。在传输的请求体数据量上，原有的 SOAP 消息数据量为 242 个字符，简化的 RSOAP 消息数据量为 48 个字符，传输数据量为原有的 19.83%。

4.5　本章习题

1. 解释什么是企业服务总线，并简述其在系统集成中的作用。
2. 阐述 SOA 架构可能带来的两个主要缺点，并提出相应的解决方案或缓解措施。
3. 服务注册在服务总线中有什么作用？请描述服务注册的基本流程。
4. 什么是服务路由？请描述服务路由的工作原理，并解释其在系统集成中的重要性。
5. 综合性习题：工业机器人分布式应用通常涉及多个异构系统的集成，这些系统需要高效的数据传输和复杂业务逻辑的协调。请你利用 Apache Camel 服务总线，设计并实现一个简化 SOAP 协议的工业机器人分布式应用，优化数据传输效率和实时性。要求如下：

1）会安装并配置 Java 运行环境和 Maven 工具。安装 Apache Camel 并配置开发环境。详细记录环境安装与配置过程。

2）根据工业机器人应用的需求，设计服务总线架构，确定服务注册、服务发现、服务调用和服务编排的具体实现方案。绘制系统架构图，标明各个模块和组件之间的关系。

3）使用 Apache Camel 实现服务绑定，确保各服务能够通过服务总线进行通信。配置 Camel 路由，实现消息从发送方到接收方的高效路由。路由配置应包括至少两种不同的协议（如 HTTP 和 JMS）的消息传递。

4）设计并实现一个简单的业务流程，展示如何通过服务编排功能协调多个服务的调用。业务流程应包括串行执行和并行执行的组合。编写 Camel DSL（Domain Specific Language）脚本，实现业务流程的自动化。

5）基于本章所学的 RSOAP 协议，设计并实现简化的 SOAP 协议，减少数据冗余。在服务总线中集成 RSOAP 协议，实现客户端和服务端的高效数据传输。

6）编写测试用例，验证服务总线的各项功能，包括服务注册、服务查找、服务调用和服务编排。通过性能测试对比传统 SOAP 协议和 RSOAP 协议，分析数据传输效率和实时性差异。调试并优化代码，确保系统的稳定性和高效性。

7）编写综合实践报告，内容包括环境配置、系统架构设计、服务绑定与服务路由、服务编排的实现、数据传输优化、测试与调试结果等。在报告中详细分析 RSOAP 协议在提升数据传输效率和实时性方面的优势，结合实际测试数据进行说明。

第 5 章　集成 DDS 的中间件服务总线

本章主要介绍数据分发服务（Data Distribution Service，DDS）的核心功能以及服务总线与 DDS 的集成方案。针对 DDS 介绍了 DDS 的协议组成和通信原理、DCPS（Data-Centric Publish-Subscribe）模型、自动发现机制以及 QoS（服务质量）策略。进一步地，数据域、发布者、订阅者是 DDS 的重要组成部分，本章对这三者的概念和使用方式进行了详细阐述，并结合 OPEN DDS 的使用案例加深对概念的理解。最后给出了服务总线与 DDS 集成方案，针对指令下发和消息订阅两种场景分别介绍集成的具体实现。

本章将介绍 DDS 的核心功能和架构。DDS（数据分发服务）通过其独特的协议组成和通信原理，支持高性能、实时的数据交换。本章将详细讲解 DDS 的 DCPS 模型，展示其如何通过以数据为中心的设计来实现去中心化的高效通信。自动发现机制也是 DDS 的一大特色，它允许系统中的各节点自动识别和通信，确保数据的可靠传输。

本章将介绍 DDS 中的 QoS 策略。QoS 策略在 DDS 中至关重要，它们提供了对通信行为的精细控制。本章将探讨 QoS 策略如何覆盖可靠性、实时性、带宽利用率、历史数据存储和安全性等，并展示如何在不同层次上进行配置，从而满足系统对数据传输的各种需求。

在介绍了 DDS 的基本原理和核心功能之后，本章将进一步探讨数据域、发布者和订阅者的概念和使用方式。在 DDS 中，数据域是管理数据流动的基本单元，而发布者和订阅者则是实现数据发布与接收的关键组件。本章将通过详细的示例，展示如何在 DDS 中定义和管理数据域与域参与者，如何创建和配置数据发布者与订阅者，以及如何应用和管理相关的 QoS 策略。

为了让读者加深对这些概念的理解，本章将结合一个具体的 OPEN DDS 实例，展示如何在实际应用中实现发布者和订阅者的创建、配置及数据传输。通过这个实例，读者可以更直观地了解 DDS 的操作流程和实际应用。

本章将介绍服务总线与 DDS 的集成方案。上一章已经介绍，服务总线作为一种集成架构，常用于将不同通信技术的系统连接在一起。在移动网络和其他需要高实时性和低传输开销的环境中，DDS 的低开销和实时性特点使其成为理想选择。然而，在将 DDS 系统接入服务总线时，需要解决 SOAP 消息与 DDS 报文之间的信息转换问题。本章还将描述基于服务总线的路由机制的集成方案，设计一种 DDS 协议与 SOAP 协议消息映射模型，运用 VTD-XML 加快 SOAP 消息解析速率，从而有效降低数据分发延迟，满足实时系统的需求。具体针对指令下发和消息订阅两种场景，将分别介绍相应的实现技术，确保读者能够理解和应用这些技术。

通过本章的学习，读者将能够全面了解 DDS 的核心功能和应用，以及如何将 DDS 系统集成到服务总线中，实现高性能、高可靠性和高效率的通信。

5.1 DDS 简介

本节将探讨 DDS 这一通信中间件在当今和未来的重要性及其发展趋势。DDS 旨在支持分布式应用程序之间高性能、实时通信和数据交换的通信协议。

本节将介绍 DDS 的基本概念和发展历程。DDS 采用去中心化的设计理念，以满足实时系统的通信需求，支持高性能、低延迟的数据传输。本节将探讨 DDS 的核心机制，包括 DCPS 模型和自动发现机制，以确保数据的可靠传输和有效交换。

本节将探讨 DDS 的协议组成和通信原理。DDS 作为一种用于实时系统的通信协议，采用基于数据的通信模型，旨在支持分布式应用程序之间的高性能、实时通信和数据交换。本节将详细介绍 DDS 协议的相关标准，包括核心协议和拓展协议，以及以数据为中心的发布订阅模型。

本节还将介绍 DDS 在协议层面提供的多种通信服务需求的抽象，以及如何通过 QoS 配置来细粒度地控制通信行为。QoS 策略涵盖了可靠性、实时性、带宽利用率、历史数据存储和安全性等方面，从整个系统到单个主题和实体，可以在不同层次上进行配置。通过灵活配置 QoS 策略，DDS 可以满足系统对数据传输的各种需求，实现高性能、高可靠性和高效率的通信。

5.1.1 DDS 介绍

数据分发服务（DDS）的规范开发始于 2001 年，2004 年对象管理组织（OMG）发布了 DDS 1.0 版本，随后在 2005 年 12 月发布了 1.1 版本，2007 年 1 月发布了 1.2 版本，2015 年 4 月发布了 1.4 版本。DDS 规范描述了两个层次的接口：低层的数据中心发布-订阅（DCPS）层，该层核心功能在于确保信息能够高效传输至目标接收端；可选的高层数据本地重构层（DLRL），此层设计旨在简化 DDS 与应用程序层之间的融合过程。为了确保不同供应商的 DDS 之间实现互操作性，OMG 发布了实时发布-订阅线协议（DDS Interoperability Wire Protocol Specification），使得通过一个供应商的 DDS 实现发布的主题信息可以被同一或不同供应商的 DDS 实现的一个或多个订阅者消费。该规范的 2.0 版本于 2008 年 4 月发布，2.1 版本于 2010 年 11 月发布，2.2 版本于 2014 年 9 月发布，2.3 版本于 2019 年 5 月发布。

DDS 还通过一系列扩展和绑定来增强其功能。例如，DDS for Lightweight CCM（dds4ccm）提供了一种将业务逻辑与非功能性属性分离的架构模式，2012 年的扩展增加了对流的支持。Java 5 语言 PSM for DDS 定义了 DDS 的 Java 5 语言绑定，仅涵盖 DDS 规范中的数据中心发布-订阅（DCPS）部分，并包含 DDS-XTypes 和 DDS-CCM 引入的 DDS API。DDS-PSM-Cxx 定义了 ISO/IEC C++ 语言绑定，为 DDS 提供了新的 C++ API，使其更符合 C++ 程序员的编程习惯。为了支持数据中心发布-订阅通信中的可扩展和动态主题类型（DDS-XTypes），DDS 使用在编译前定义的数据类型，这些数据类型在 DDS 全局数据空间中使用，这种模型在静态类型检查有用时非常理想。统一建模语言（UML）简介规范了 DDS 域和主题，成为分析和设计建模的一部分，该规范还定义了如何在不首先用其他语言（如 XML 或 OMG IDL）描述类型的情况下发布和订阅对象。2014 年发布的接口定义语言（IDL）3.5 独立于通用对象请求代理架构（CORBA）规范，使其能够独立于 CORBA 发展。

此外，DDS 还包括其他协议，例如，DDS-XRCE（用于极端资源受限环境的 DDS），该协议允许资源有限的设备（如微控制器）与 DDS 网络进行通信，使通过中介服务在 DS 域中发布和订阅主题成为可能；DDS-RPC（基于 DDS 的远程过程调用）定义了双向请求/回复通信，支持同步和异步方法调用。自 DDS 1.4 版本开始，可选的 DLRL 被移动到一个单独的规范中。

DDS 采用以数据为中心的架构，强调数据本身的传输和管理，通过数据模型而非直接接口调用进行节点间通信。DDS 使用主题（Topic）来组织和管理数据，每个主题代表一种数据类型，发布者和订阅者通过主题进行数据交换。DDS 的去中心化架构无单一中心节点，节点可以动态增加或减少，从而保持系统性能和稳定性，这使得系统高度弹性和可扩展。为了确保实时性，DDS 提供丰富的服务质量（QoS）策略，控制数据传输的实时性和可靠性，包括优先级、延迟、带宽、存活时间等参数。通过优化的数据传输机制，DDS 实现了低延迟和高吞吐量，适用于高实时性要求的应用场景。总体而言，DDS 通过其以数据为中心、去中心化和实时性的特点，成为支持分布式实时系统数据交换的重要中间件，并在多个关键行业中得到广泛应用。

5.1.2　DDS 协议组成和通信原理

DDS 是一种用于实时系统的通信协议，它是一种基于数据的通信模型，旨在支持分布式应用程序之间的高性能、实时通信和数据交换。它能够提供可预测性的通信，确保数据在预定的时间内被送达，并且能够处理大规模数据流。DDS 协议支持分布式系统的数据交换和共享，允许多个节点之间实时地发送和接收数据。它提供了一种灵活的数据模型，可以处理不同类型的数据，并支持多种数据交换模式。DDS 采用了发布-订阅模型，允许数据的生产者（发布者）和消费者（订阅者）之间进行异步通信。发布者发布数据到 DDS 中间件，订阅者订阅感兴趣的数据，并在数据可用时接收。

1. DCPS 模型

DCPS 模型是 DDS 规范的核心，是其发布-订阅机制的基础。DDS 的通信建立在已知类型的数据流上，被称为以数据为中心的通信方式，与此相对应的是以对象为中心的通信方式，即建立在一组已知类型方法组成的接口之上。

DDS 的订阅-发布机制基于全局数据空间，或者可以称为域空间（Domain）。这一域空间构成了 DCPS 模型的基本分区单元，并通过独一无二的域标识符（Domain ID）来加以辨别。应用程序的各个组成部分则部署在该域空间内的不同节点上，具体包含以下几方面：由数据写入者（DataWriter）负责向整个数据范围发布信息的数据发布端（Publisher），由数据读取者（DataReader）来从该全球数据存储中订阅并获取信息的数据订阅端（Subscriber）。数据发布者和数据订阅者只有处于同一个域空间，且主题相互匹配、QoS 相互兼容时才能够互相通信。发布者与订阅者通过数据对象（DataObject）中的唯一主题（Topic）

完成匹配和绑定。一个主题可以被多个发布者/订阅者同时关注，但是一个发布者或订阅者只能同时关注一个主题。对于某一个主题，其关联的发布者发布的消息，可以被关联的所有订阅者收到，这是一种多对多的通信方式。为了确保数据的正确传输，DDS 规范定义了一系列服务质量（Quality of Service，QoS）策略，包括异常发现类型策略、数据排序类策略、模式选择类策略等，使 DDS 的数据交互能够得到更加精细的设置，并提高了 DDS 的容错性。QoS 策略可以绑定到 DDS 主题及数据发布者、数据订阅者等实体上。数据发布者和数据订阅者使用 RxO（Request-versus-Offered）模型进行匹配。订阅者请求一组满足其最小需求的策略。发布者向潜在订阅者提供一组 QoS 策略。DDS 应用程序会尝试对请求和提供的 QoS 策略组进行匹配，如果这些策略互相兼容，则可以建立联系。

2. DDS 自动发现机制

DDS 有两种常用的发现模式：信息仓库模式（Information Repository）和实时发布订阅协议（Real Time Publish Subscribe Protocol，RTPS）点对点模式。信息仓库模式，顾名思义是一种中心化的模式，信息仓库所在节点是可以独立运行的，发布者和订阅者启动后，首先需要在信息仓库中进行注册，通过读取信息仓库中其他节点的注册信息，就能够实现相互发现，数据通信过程也需要受信息仓库节点的控制。该模式的优点是实现简单，缺点则是信息仓库节点容易成为分布式系统的单点瓶颈，因负载过大而崩溃。并且由于注册和数据通信过程都受信息仓库的控制，该节点一旦崩溃，会导致整个系统不可用，即该模式稳定性和容错性都比较差。RTPS 是一种无中心、点对点的探测协议，旨在利用 UDP 之类的非可靠传输机制，在单播与多播环境中尽最大努力实施可靠性发布，其运作基础在于全局数据空间模型的实践。在该模式中，各个节点都是对等的。RTPS 自动发现协议分为两层：一是参与者发现协议（Participant Discovery Protocol，PDP），二是端点发现协议（Endpoint Discovery Protocol，EDP）。PDP 专注于规范参与者互相识别的机制，而 EDP 则深化此过程，明确了参与者在经历自动发现阶段后，应如何传递涉及各自端点的信息交流规则。

3. DDS QoS 策略

QoS 策略是 DDS 中的一个重要概念，它用来描述系统对数据传输的要求和保证。在 DDS 中，QoS 策略用于控制和管理数据通信的各个方面，包括数据传输的可靠性、实时性、带宽利用率等。QoS 策略可以在不同层次上进行配置，这些层次包括整个系统、单个主题（Topic）以及单个数据写入者或读取者。

下面是几种常见的 DDS QoS 策略及其作用：

1）可靠性：可靠性策略用于控制数据传输的可靠性，包括数据是否需要被确认、是否需要进行重传等。通过配置可靠性策略，可以确保数据在传输过程中不会丢失或损坏。

2）实时性：实时性策略用于控制数据传输的实时性要求，包括数据的发布和订阅的截止时间。通过配置实时性策略，可以确保数据在规定的时间内被传输和处理，满足系统对实时性的要求。

3）带宽利用率：带宽利用率策略用于控制数据传输所占用的带宽，包括数据传输的速率、优先级等。通过配置带宽利用率策略，可以有效地管理系统的带宽资源，避免数据传输过程中出现拥塞或带宽浪费的情况。

4）历史数据存储：历史数据存储策略用于控制数据传输的历史数据存储方式，包括是否需要保存历史数据、保存的数据量和时间等。通过配置历史数据存储策略，可以实现对历史数据的有效管理和查询。

5）安全性：安全性策略用于控制数据传输的安全性要求，包括数据的加密、身份认证等。通过配置安全性策略，可以确保数据在传输过程中不会被篡改或窃取，保障系统的安全性。

数据可以通过灵活的服务质量（QoS）规范进行共享，包括可靠性、系统运行状况（活跃性）甚至安全性。DDS 中的 QoS 策略可以帮助用户根据系统的需求和特点，灵活地配置数据传输的各个方面，从而实现系统的高性能、高可靠性和高效率。

5.2 主题发布与订阅

本节将会介绍 DDS 中的主题发布与订阅机制。在 DDS 中，发布 - 订阅模式是一种常见的数据通信模式，用于实现分布式系统中的实时数据交换。该模式通过解耦发布者和订阅者之间的直接通信，使得系统更加灵活、可扩展，并且能够有效地处理大量的数据流。

通过本节的学习，读者将会了解如何在 DDS 中定义和管理数据域与域参与者，创建和配置数据发布者与订阅者，应用与管理相关的 QoS 策略。此外，本节将通过一个具体的 OPEN DDS 实例，展示如何在实际应用中实现发布者和订阅者的创建、配置及数据传输。

5.2.1 DDS 的域与域参与者

数据域是 DDS 中一个重要的概念，它是指在 DDS 中定义了一组共享相同配置和共享同一套命名空间的实体集合。数据域定义了 DDS 中的作用域，确保在同一数据域内的实体（如主题、发布者、订阅者等）可以相互通信和交互。

数据域用于将 DDS 系统划分为不同的作用域，每个作用域内的实体可以相互通信，而不同作用域之间的实体则相互隔离。在同一数据域内，所有实体共享相同的配置，包括 QoS 策略、命名空间等。这确保了在同一数据域内的实体之间具有一致的行为和属性。数据域还定义了一个统一的命名空间，用于标识和区分不同的实体。在同一数据域内，每个实体都有唯一的名称，以便其他实体可以引用和访问。数据域提供了安全隔离机制，确保不同数据域的实体之间的数据和通信是隔离的，从而提高了系统的安全性和稳定性。

5.2.2 数据发布者和写入者

数据发布者是发布实时数据的组件，负责将数据发布到 DDS 网络中，供订阅者订阅和接收。数据发布者管理数据的写入过程，包括数据的生命周期管理、写入顺序管理等。它确保数据按照指定的顺序和要求进行写入，并根据需要执行相关的写入操作（如写入确认、重传等）。数据发布者可以配置各种 QoS 策略，包括可靠性、实时性、带宽利用率等策略，以满足系统对数据传输的不同需求和要求。它根据应用程序的特性和环境需求，配置适当的 QoS 策略。数据发布者负责处理数据写入过程中可能出现的错误和异常情况。它会监控数据写入的状态,并根据需要执行错误处理和恢复操作,确保数据传输的稳定性和可靠性。

应用程序通过 DDS API 调用创建数据发布者对象。在创建过程中,需要提供所要发布的数据类型和相应的主题。在创建发布者时,可以设置发布者的 QoS 策略,包括可靠性、实时性、带宽利用率等。这些策略决定了数据发布者的行为和性能特征。

创建发布者后,可以通过指定主题名称来查找已经创建的发布者对象。DDS 提供了相应的 API 来支持通过主题名称进行查找。DDS 还提供了 API 来遍历已经创建的所有发布者对象,以便进行查找和管理。

创建数据写入者对象后,需要将其注册到发布者中,以便进行数据写入。注册过程可以通过相应的 API 完成。应用程序通过数据写入者对象调用相应的 API,将数据写入 DDS 网络中。写入的数据将根据 QoS 策略进行管理和传输。数据写入者在写入数据后,可能会收到写入确认(ACK)信号,以确保数据已成功写入 DDS 网络。确认过程可以通过相应的 API 进行处理。

当不再需要发布者时,应用程序通过 DDS API 调用销毁发布者对象,释放相应的资源。销毁发布者对象后,发布者不可用。

5.2.3 数据订阅者

在 DDS 中,数据订阅者是接收订阅数据的组件,它从 DDS 网络中接收数据,并根据需要进行处理和分析。

应用程序通过 DDS API 调用创建数据订阅者对象。在创建过程中,需要指定订阅的主题和相应的 QoS 策略。

创建数据订阅者后,可以通过指定主题名称来查找已经创建的订阅者对象。DDS 提供了相应的 API 来支持通过主题名称进行查找。DDS 还提供了 API 来遍历已经创建的所有订阅者对象,以便进行查找和管理。

应用程序可以根据需要创建数据读取条件对象,用于过滤接收的数据。读取条件可以基于数据的内容、属性等进行设置。将创建好的读取条件对象应用于订阅者,以实现对订阅数据的条件过滤。

通过订阅者对象可以提取订阅的实例,即订阅者感兴趣的特定数据对象。提取实例的过程可以通过相应的 API 完成。一旦订阅了实例,订阅者可以通过调用相应的 API 从 DDS 网络中读取数据样本。读取的数据样本将根据设置的读取条件进行过滤和选择。

当不再需要订阅者时,应用程序通过 DDS API 调用销毁订阅者对象,释放相应的资源。销毁订阅者对象后,订阅者不可用。

5.2.4 OPEN DDS 案例

下面将结合一个具体实例介绍 OPEN DDS 的使用方式,编程语言选择 Java。

1. 创建发布者并配置 QoS 策略

```java
public class Publisher {
    public static void main(String[] args) throws Exception {
```

```
    // 初始化 OpenDDS
    TheParticipantFactory.withArgs(new String[] {"-DCPSConfigFile", "dds_publisher_qos.ini"});
    TheServiceParticipant.init( );
    // 创建发布者
    MyDataWriter dataWriter = new MyDataWriter( );
    // 配置 QoS 策略 ( 可在 dds_publisher_qos.ini 文件中配置 )
    dataWriter.configureQoS( );
    // 发布数据
    dataWriter.publishData( );
    // 关闭 OpenDDS
    TheServiceParticipant.shutdown( );
  }
}
```

2. 创建订阅者并接收数据

```
public class Subscriber {
  public static void main(String[] args) throws Exception {
    // 初始化 OpenDDS
    TheParticipantFactory.withArgs(new String[] {"-DCPSConfigFile", "dds_subscriber_qos.ini"});
    TheServiceParticipant.init( );
    // 创建订阅者
    MyDataReader dataReader = new MyDataReader( );
    // 订阅数据
    dataReader.subscribe( );
    // 接收数据
    dataReader.receiveData( );
    // 关闭 OpenDDS
    TheServiceParticipant.shutdown( );
  }
}
```

5.3 服务总线与 DDS 集成

DDS 具有低延迟、高可靠性的优势，同时网络传输开销比较低，适合于资源有限的网络。这一特性恰好适合应用在移动网络中，因为在移动网络场景下，节点间的通信具有很强的动态性并且对交互速度具有较高的要求。由于系统功能需求的多样性及信息技术的持续演进，各传统系统采纳的通信手段展现出一定的差异。以航空航天及海洋航运等行业为例，这些领域对于信息交流的即时性有着严格标准，故而其应用系统普遍选取 DDS 作为核心的通信解决方案。因而，在将一个依赖 DDS 通信协议的系统整合为服务并接入服务总线的过程中，不可避免地需要解决 SOAP 消息与 DDS 消息之间信息转换的问题。

针对 DDS 与服务总线的集成问题，基于服务总线的路由机制，提出了 DDS 与服务总线的集成方案。设计了一种 DDS 协议与 SOAP 协议消息映射模型，实现 SOAP 消息与 DDS 报文间的信息转换，运用 VTD-XML 加快 SOAP 消息解析速率，有效降低数据分发延迟，满足机器人调度实时性的需要。

5.3.1 SOAP 和 DDS 协议转换

SOAP 与 DDS 的映射模型从消息传递的方向来看，一共有两条路径。第一条是 SOAP 消息转换为 DDS 消息，消息被发布到 DDS 域的主题中。这种方式的使用场景一般是：控制人员通过调用服务总线的服务组件向机器人下达控制指令，定义为指令下发型服务。第二条路径是 DDS 消息转换为 SOAP 消息并被发布给 SOAP 消息的服务端。这种方式的使用场景一般是信息采集设备，如摄像头，将采集的数据实时传递到服务端，供系统监控或相关技术人员使用，定义为订阅型服务。

SOAP 与 DDS 映射模型的设计框架如图 5-1 所示，通过在服务总线上设计 DDS 和 SOAP 消息的消息映射器来完成两种协议的转换。SOAP 消息到 DDS 消息的转换：服务总线接收到 SOAP 消息后，消息映射器根据消息映射定义对 SOAP 消息进行解析，并将 SOAP 消息传递的信息封装为 DDS 消息（消息映射器完成消息映射），最后服务总线将 DDS 消息发布到 DDS 的主题中。DDS 消息到 SOAP 消息的转换类似。

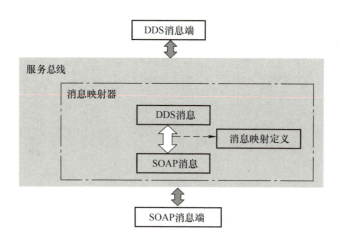

图 5-1 SOAP 与 DDS 映射模型的设计框架

为了实现集成 DDS 的轻量级服务总线，利用了目前较主流的 Camel 框架。Camel 框架自身并不能实现对于 DDS 的集成，因此本节对如何基于 Camel 框架来集成 DDS 进行了研究。实现了自定义协议"dds://"，并提出了利用 Camel 框架的端点 EndPoint 来设计路由组件，通过实现 Producer 和 Consumer 来完成组件的路由工作，并实现利用 Processor 组件进行数据限流等处理的路由机制。

由于涉及两种协议之间的路由，因此至少要实现两类组件：SOAP 协议组件和 DDS 协议组件。

1. SOAP 协议组件

由于要在 DDS 协议与 SOAP 协议之间做双向转换，为了简化工作，对于 SOAP 协议组件，选择在 Camel 自身拥有的 CXF 组件的基础上进行二次开发，从而扩展实现对于 DDS 协议的支持。

对于 SOAP 协议组件，由于是基于 Camel 原生组件进行的二次开发，即继承 CxfComponent 并重写其中的 Producer 来完成 WebService 接收路由而来的 DDS 协议消息，因此其核心在于重写了 doStart( ) 方法和 doStop( ) 方法，在 doStart( ) 方法中利用 JaxWsServerFactoryBean 创建一个 WebService 服务，在 doStop( ) 方法中将创建的 WebService 服务销毁，主体方法则是利用创建好的 WebService 服务接收从路由而来的 DDS 协议消息。

2. DDS 协议组件

在组件实现之前，Camel 中每个组件都需要有自己的协议格式，即路由的协议格式，因此首先需要将传输的 DDS 协议的格式设定好。根据 DDS 协议的主要传输方式定义的协议格式如下：

"dds://ior/domainId/topic"

首先还是继承了 CxfComponent，在此处继承该原生组件只是为了利用其原生组件的方法完成从携带着路由而来的 SOAP 消息的 Exchange 中取出 Message 这一过程，即取出 SOAP 消息内容这一过程。

Producer 的主要工作是负责创建 VTDGen 对象，它可以读入二进制格式的数据，并创建指针。使用该指针，就能定位到 SOAP 报文的 Body 标签，并解析出消息内容。然后将解析好的消息组装成 DDS 消息格式，然后利用临时创建的 DDS 发布者将此消息发送出去。最后，还需要重写 CxfProducer 的 doStart( ) 和 doStop( ) 方法，来完成创建和销毁临时 DDS 发布者对象。

由于 DDS 协议本身是单向通信的（发布 - 订阅机制），无法收到其他节点的回馈信息，因此在语句前后利用 try catch 来捕获消息发布过程中的异常，如果没有异常，则认为消息已经成功发送。

同样的原理，继承 CxfConsumer 来实现自身 DDS 组件的 Consumer，从而实现 DDS 协议到 SOAP 协议的转换过程。从功能上来看，Consumer 和 Producer 是完全反过来的，因此，既然 Producer 使用 DDS 发布者来进行消息的发布，Consumer 显然就是利用 DDS 订阅者进行消息的接收。在 doStart( ) 方法中使用 JaxWsServerFactoryBean 开启一个 WebService 服务，并创建了 DDS 的订阅者；在主体方法中创建 DDS 订阅者，根据 DDS 自身的信息仓库，订阅当前域下的主题，完成消息的接收，并路由给预先创建好的 WebService；最后在 doStop( ) 方法中销毁创建的 WebService 和 DDS 订阅者。

3. 路由的创建

在 DDS 组件的实现中能够发现，假设有一个 WebService 接收一个消息，就会创建一个临时的 DDS 订阅者来完成消息的获取，图 5-2 的 Subscriber1 就是为 WebService8001 这个接收的服务临时创建的 DDS 订阅者。假如多个 WebService 订阅的都是同一个主题，在目前的实现机制上就会导致有多少个 WebService 订阅同一个主题，那么就会创建多少个临时的 DDS 订阅者来获取这一消息（图 5-2 的 Subscriber1 和 Subscriber2），这在无形中增加了 DDS 通信的负担，并对于总线的性能影响较大。机制如图 5-2 与图 5-3 所示。

图 5-2 与多个订阅者优化前的机制

因此需要根据订阅某一个 DDS 消息的 WebService 数量来动态地创建 DDS 订阅者，即我们的目标是如图 5-3 所示的机制。

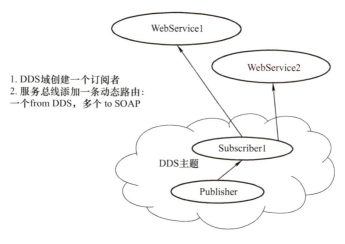

图 5-3 DDS 与多个订阅者优化后的机制

  Camel 本身提供了多种路由的机制，如串行、并行、转发等。但是经过研究发现，我们无法通过 Camel 自身提供的路由机制完成这一过程，因此需要自己研究并实现一套符合预期目标的路由机制。

  Camel 官网上提供了一套利用 XML 文件来配置路由的方式，可以通过对于 XML 文件的动态更改，来完成我们的目标路由机制。优点在于官方提供的 XML 配置文件的方式配置路由是最适合 Camel 框架的方式，开发实现简单，利用很简洁的配置就能够实现 Camel 提供的复杂的路由机制。但是缺点同样很明显，首先是需要一份 XML 配置文件，那么每次多一个 WebService 就需要利用 VTD-XML 来读取磁盘上已经存在的 XML 配置文件，并修改其内容，然后给 CamelContext 重新加载，磁盘文件的读取效率较低，并且无法手动移除原本废弃的那条路由，即只能让 Camel 框架自身来完成路由的舍弃。

结合实际场景，我们并不需要 Camel 自身的那些复杂路由机制，需要的仅仅是其中的并行，因此我们没有选择官方推荐的 XML 配置文件的方式。而是利用纯代码的方式来完成这一过程，减少了读取磁盘 XML 配置文件、解析 XML 配置文件的性能消耗。

首先我们是从 Camel 自身提供的 Direct 转发机制来实现多条路由的创建，即创建两条路由：

from dds to directA（我们称为：主路由）

from directA to WebService1（我们称为：副路由）

当有新的 WebService 进入的时候，添加一条新的副路由：

from directA to WebService2

示意图如图 5-4 所示。

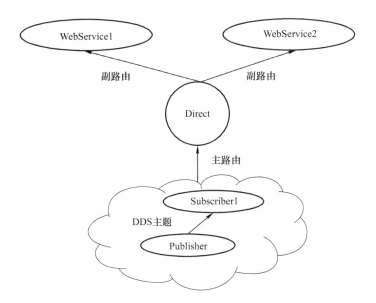

图 5-4　DDS 与服务总线集成后的机制

但是由于 Camel 本身对于 Direct 进行了限制，如果当 Direct 已经被添加进入了 CamelContext（Camel 容器）后，那么即使新增加了 Direct，Camel 也将其视为无效，并抛出异常；同时还限制了 Direct 的消费次数，即移除了原本的路由，添加进入新的路由，也无法消费 Direct 消息两次。

为了达到预期的目标，我们对于 Camel 的 Direct 机制进行了自己的实现。首先是对于 Camel 自身的路由机制进行了解析：

RouteBuilder → *Definition → Router

其中第一个箭头是由 RouteBuilder 自己进行解析，第二个箭头是在加入到了 CamelContext（Camel 容器）后进行的解析。因此我们可以在路由加入到容器前下手，即第一个箭头位置。

利用了反射机制，伪造了 RouteBuilder 的解析结果，并将解析结果加入 CamelContext 中，即实现了目标动态添加 ToDefinition（即多个目的地）。并且不存在读入磁盘配置文件并解析配置文件的过程，完成了预期目标。最终基于以上的方式，我们自己实现了串行、并行、转发机制。机制示意如图 5-5 所示。

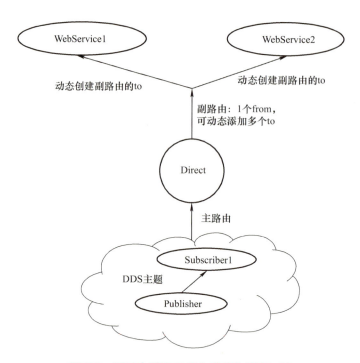

图 5-5　DDS 与服务总线集成优化后的机制

5.3.2　DDS 主题管理

在整个消息的路由过程中，对于指令下发这一场景，WebService 端需要知道机器人所属的 DDS 服务订阅的域 ID、主题以及通信的 ior；针对订阅机器人服务这一场景，机器人所属的 DDS 服务也需要 WebService 所订阅的域 ID、主题以及通信的 ior。因此，我们需要将双方所需的信息，也就是主题信息进行管理。

（1）场景一：指令下发

我们会先向主题管理中心注册自己的主题，然后向基于 ZooKeeper 实现的注册中心注册我们的服务。

注册成功后的主题还依旧处于不可用的情况，因为此时并没有分配到总线，也就是处于未激活的状态。

在注册中心有一个未激活服务队列，会根据负载均衡策略，将这些未激活的服务队列推送到其下管理的各个总线上，并向主题管理中心发出请求，将主题激活。

指令下发型 DDS 流程图如图 5-6 所示。

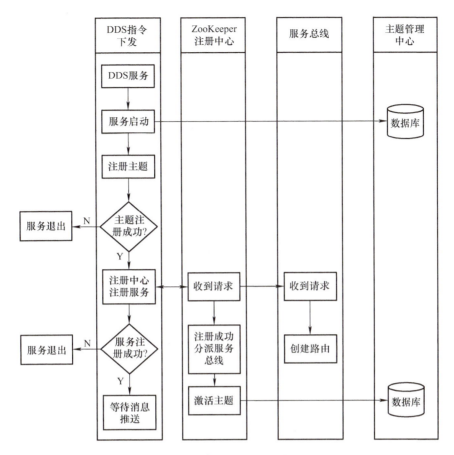

图 5-6 指令下发型 DDS 流程图

（2）场景二：订阅机器人监控信息等

首先，DDS 相关的服务还是需要在注册中心和主题管理中心进行注册，由于此时的 DDS 服务作为的角色是发布者，因此不再需要激活的操作。而需要一个额外的 WebService 来向总线发送请求到 http://hostname:port/subscribe 这一地址来添加订阅关系，这一地址实际上是总线自身对外暴露的一个 WebService，需要的参数如下：需要订阅的 DDS 服务所在的域 ID、主题、ior 文件、接收消息的 WebService 地址。

总线收到添加订阅关系的请求后，会创建路由，并将这一新的订阅关系添加到主题管理中心。

5.4 本章习题

1. 解释 DDS 的基本概念，包括以数据为中心、去中心化和实时性特点。
2. DDS 采用什么模型进行数据通信？请简要描述其核心机制。
3. 列举并解释几种常见的 DDS QoS 策略及其作用。
4. 什么是 DDS 中的数据域？请解释其作用。
5. 什么是 DDS 中的数据发布者、订阅者？请解释其主要职责。

6.综合性习题：工业物联网将各种传感器和设备连接到网络，通过数据收集和分析，实现对工业过程的实时监控和优化。在此背景下，DDS 提供高性能、低延迟的数据传输能力，而服务总线能够集成各种异构系统，实现灵活的数据交换和指令传递。请结合使用 DDS 和服务总线，构建一个高效、可靠的工业物联网系统。

要求如下：

（1）配置并实现一个 DDS 发布者，发布模拟的工业传感器数据（如温度、压力、湿度等）。配置并实现一个 DDS 订阅者，接收并处理发布的数据。

（2）设计并实现 DDS 与服务总线的集成方案，使 DDS 发布的数据能够通过服务总线传输给其他系统。实现服务总线的指令下发功能，使服务总线能够向 DDS 发布者发送指令（如调整数据发布频率）。

（3）配置 DDS 的 QoS 策略，确保数据在实时性和可靠性方面符合工业物联网的要求。在不同场景下调整 QoS 策略（如高流量时段、设备故障）并评估其对系统性能的影响。

（4）使用 OpenDDS 进行实际操作，包括安装、配置和调试。提供详细的步骤和代码示例，展示发布者和订阅者的创建、配置及数据传输过程。

（5）设计并实施一套集成测试方案，验证 DDS 与服务总线集成后的数据传输性能和可靠性。测试包括正常运行、异常情况（如网络延迟、节点故障）下的系统表现。

（6）提交配置文件、代码和测试报告。编写一篇总结报告，描述实践过程、遇到的问题及解决方案、测试结果和性能评估。

第6章 总线上应用生态组件的设计

生态组件是机器人中间件的核心功能。它为机器人应用提供了多样化的功能扩展，促进互操作性和模块化开发。生态组件的设计和实现，直接关系到机器人系统的灵活性、可扩展性和维护性，是构建高效、智能机器人系统的重要基石。可以将其按照功能和应用场景分为应用组件和通用组件。

6.1 应用组件开发

本小节将深入探讨几种常见应用组件的核心原理，并提供详细的接口设计与服务实现示例，借此让读者更好地理解和掌握组件开发的关键技术点。

6.1.1 焊缝识别组件

1. 背景与基本原理

焊接，作为现代制造业中的关键连接技术，已广泛融入各行业，处理多样化和复杂化的材料加工需求。机器人焊接技术的引入，显著提升了生产效率与灵活性，并降低了成本，推动了焊接行业的快速发展。然而，面对工件形态多样、焊缝轨迹不一的挑战，传统机器人示教编程方式在适应小批量、多领域焊接生产时显得力不从心，限制了焊接领域的进一步拓展。

在此背景下，基于视觉的焊缝识别技术应运而生，为机器人焊接带来了革新。该技术通过主动或被动方式感知焊缝特征，前者依赖外部光源（如激光）投射的结构光，精准捕捉焊缝三维信息，有效克服环境光干扰，成为焊缝跟踪的前沿技术；后者则直接分析焊接过程中焊缝的自然光源信息，尽管易受飞溅、弧光等噪声影响，图像处理复杂，但无需额外的光源设备。主动传感以其高精度和抗干扰能力，在焊缝跟踪领域占据主导地位；而被动传感虽面临挑战，却也展现了无需额外光源的便捷性。两者各有千秋，共同促进了机器人焊接技术在复杂多变工况下的应用与发展。接下来将以激光传感的焊接应用为例，介绍如何实现激光传感焊接应用中焊缝识别组件的服务化封装，如图6-1所示。

在激光传感焊接应用中，实现焊缝识别组件的服务化封装需要经过以下步骤：首先，激光投射到焊缝上形成特征明显的条纹，相机随即捕捉这些条纹图像，随后进行图像预处理：先转换为灰度图，再进行滤波以减少噪声；接着，利用边缘检测算法定位并提取激光线条；之后，采用图像分割技术将焊缝区域与背景有效区分；最后，依据相机参数与二维图像信息，通过三维重建算法精确计算出焊缝的三维坐标位置。

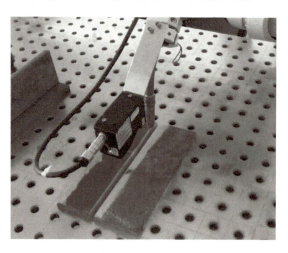

图 6-1 基于激光传感的焊缝识别

这一过程中涉及的关键算法包括图像预处理算法、边缘检测算法、图像分割算法、特征点提取算法、三维重建算法以及实时跟踪控制算法。这些算法共同作用，确保了焊接机器人能够获得精确的焊缝三维信息，推动了焊接技术向自动化和智能化的方向发展。

2. 接口设计与服务实现

根据焊缝识别组件的功能，可以发现，焊接识别输入的是一个二维图像，返回焊缝的是三维结构信息，从而为后续的焊接路径规划提供依据。因此，我们将焊缝识别组件的接口进行了定义，见表 6-1。

表 6-1 焊缝识别组件接口定义

项目	内容
接口名	weldrecognize
功能描述	根据传感器数据，计算并输出焊缝位置
输入参数及类型	struct RdcsImg：结构体包含一个图像的宽度、高度、编码方式，以及一个用于存储 base64 序列化图像数据的字段
输出参数及类型	struct WeldInfo：结构体内包含两个数组 pos[10][2][3]、direction[10][3][3]。pos 保存了焊缝头尾在机器人基座坐标系下的坐标，即 10 条焊缝的首尾 2 个坐标的 3 个坐标值（x,y,z）。Direction 保存了焊缝在机器人基座坐标系下的方向，即 10 条焊缝的 xyz 轴（3 个方向）的三维方向向量，其中 y 轴方向就是直线焊缝的方向
返回及类型	int：处理是否成功。SOAP_OK：成功

接口定义	// 复杂结构体定义
	// 定义 RdcsImg 结构体
	struct RdcsImg {
	    int width; // 图像宽度
	    int height; // 图像高度
	    char* encoding; // 编码方式

第 6 章 总线上应用生态组件的设计

（续）

项目	内容

接口定义	char* imageData; // base64 序列化的图像数据
	  };
	  // 定义 WeldInfo 结构体
	  struct WeldInfo {
	    float pos[10][2][3]; // 10 条焊缝的首尾 2 个坐标的 3 个坐标值（x,y,z）
	    float direction[10][3][3]; // 10 条焊缝的 x、y、z 轴（3 个方向）的三维方向向量
	  };
	  // 定义焊缝识别接口
	    int weld__upload_image(struct RdcsImg img, struct WeldInfo* info);

基于上述接口定义，根据 RDCS 机器人中间件的开发规范，焊缝组件的服务实现过程如下：

1）首先利用 RDCS 的服务框架代码工具生成焊缝识别服务的服务框架代码，如图 6-2 所示。

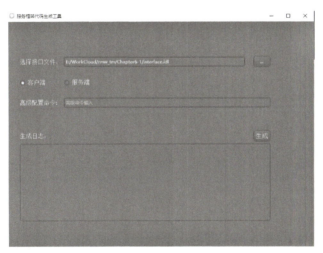

图 6-2 "服务框架代码生成工具"窗口

2）编写服务框架加载程序并实现焊缝识别服务接口。服务代码框架只是定义了与外部交互的逻辑，具体的焊缝识别实现还需要自己来完成。此外，服务框架的加载启动也需要配置。焊缝识别服务接口定义在生成的"soapStub.h"中，如图 6-3 所示。

```
\******************************************************************\
 *                                                                  *
 * Server-Side Operations                                           *
 *                                                                  *
\******************************************************************/

/** Web service operation 'weld__upload_image' implementation, should return SOAP_OK or error code */
SOAP_FMAC5 int SOAP_FMAC6 weld__upload_image(struct soap*, struct RdcsImg img, struct WeldInfo *info);
```

图 6-3 服务接口的定义

服务框架加载与焊缝识别组件的实现代码如下。

服务框架加载代码
```
#include "soapH.h"
#include "soapStub.h"
#include "stdsoap2.h"
#include "weld.nsmap"
extern "C" {
    DLLEXPORT void device_main(int dev_id, info_callback cb)
    {
        int nPort = 6050;// 服务在本地主机的端口号
        struct soap fun_soap;
        soap_init(&fun_soap);
        soap_set_mode(&fun_soap, SOAP_C_UTFSTRING);
        fun_soap.fget = http_get;
        int nMaster = (int)soap_bind(&fun_soap, NULL, nPort, 400);
        if (nMaster < 0)
        {
            soap_print_fault(&fun_soap, stderr);
            exit(-1);
        }
        while (true)
        {
            int nSlave = (int)soap_accept(&fun_soap);
            if (nSlave < 0)
            {
                soap_print_fault(&fun_soap, stderr);
                exit(-1);
            }
            soap_serve(&fun_soap);
            soap_end(&fun_soap);
        }
        return;
    }
}
```

焊缝识别服务接口代码
```
SOAP_FMAC5 int SOAP_FMAC6 weld__upload_image(struct soap*, struct RdcsImg img, struct WeldInfo* info)
{
    // 将 base64 编码的图像数据解码为 cv::Mat
    cv::Mat image = decodeBase64ToMat(img.imageData);
    // 检查图像是否解码成功
    if (image.empty( )) {
        std::cerr << "Failed to decode image from base64 data." << std::endl;
        return -1;
    }
    // 算法开发的焊缝识别服务
```

```
    WeldRecognition(image, info);
    return 0; // 返回 0 表示成功
}
// 将 base64 编码的图像数据解码为 cv::Mat
cv::Mat decodeBase64ToMat(const std::string& base64Str) {
    // 这里需要实现 base64 解码逻辑，这里只是一个示例
    // 实际上，你需要使用 base64 解码库来完成这个功能
    std::string decodedStr = base64_decode(base64Str); // 假设这是解码后的图像数据
    cv::Mat image = cv::imdecode(decodedStr, cv::IMREAD_COLOR);
    return image;
}
```

3）利用设备描述 XML 文件生成工具，生成设备元数据信息。如图 6-4a 所示，首先单击"设备 xml 文件生成工具"按钮，在新的页面（见图 6-4b）中填入当前服务的信息，然后单击"生成 XML 文件"按钮。

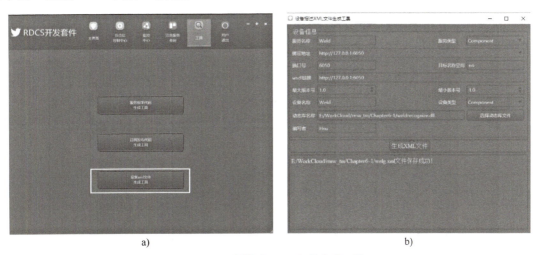

图 6-4　设备描述 XML 文件生成工具

4）部署设备服务。具体过程如下：首先将组件服务端加载的 3 个文件（.dll 文件、.wsdl 文件、.xml 文件）放入 RDCS 根目录下，如图 6-5 所示。其中，weld.dll 为焊缝识别组件底层算法编译出的动态链接库文件，weld.wsdl 为焊缝识别组件的 WebService 描述文件，weld.xml 为加载焊缝识别组件所需的设备描述文件。

运行 RDCS.exe，选择"导入设备"，再选择上一步放入的 weld.xml 文件，如图 6-6 所示。导入设备后，用鼠标右键单击该设备，在弹出的快捷菜单中选择"注册"，如图 6-7 所示。

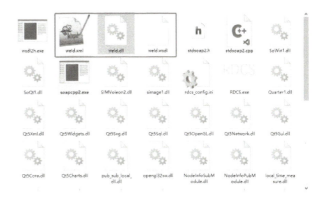

图 6-5　焊缝识别组件服务端配置

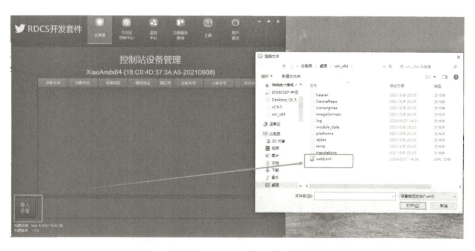

图 6-6　焊缝识别组件设备导入

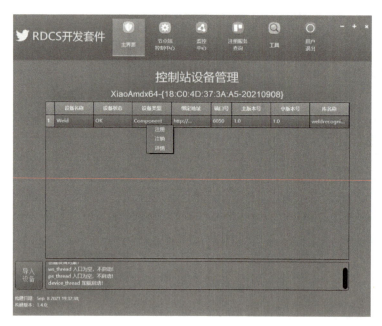

图 6-7　焊缝识别组件设备注册

至此，焊缝识别组件的服务端加载已完成。

6.1.2　正运动学组件

1. 背景与基本原理

正运动学是机器人学领域的一个基础性概念，它主要研究如何根据机器人关节的角位移来计算其末端执行器在空间中的具体位置和方向。对于实现机器人的精确控制和操作至关重要，广泛应用于自动化生产线、焊接、绘画、喷涂等场合，涉及机器人的路径规划和运动控制。通过正运动学，可以预测机器人的动作，确保其动作的准确性，满足工作需求。

机器人的机械结构由一系列通过旋转或平移关节连接的刚体组成，每个关节和杆件对构成一个自由度。对于一个具有 N 个自由度的机器人，就有 N 对关节和杆件。通常，0 号杆件与机座固连，并在其上建立固定参考坐标系，而最后一个杆件则与工具相连。关节和杆件按顺序排列，每个杆件最多与另外两个杆件相连，形成开链结构。每个关节和杆件之间的转换关系可以通过齐次变换矩阵来表示。通过将这些齐次变换矩阵依次相乘，可以得到正运动学的数学模型，而正运动学组件正是基于这个模型构建的。

因此正运动学算法步骤如下：
1）利用 Denavit-Hartenberg (D-H) 方法建立坐标系，并定义坐标系的规则。
2）将建立的坐标系简化为易于理解的线图形式。
3）根据建立好的坐标系，确定各参数，并写入 D-H 参数表。
4）将参数代入正运动学齐次转换矩阵，可得到末端位置和姿态。

2. 接口设计与服务实现

基于前面的理论描述可以看出，对于一个正运动学组件，它的输入一般为关节的要素信息，输出则为末端位置与姿态信息。因此，六轴机器人正运动学组件接口定义见表 6-2。

表 6-2 六轴机器人正运动学组件接口定义

项目	内容
接口名	forwardC
功能描述	六轴机械臂正运动学
输入参数及类型	char*：字符串序列化的六轴机械臂关节角度 char*：字符串序列化的六轴机械臂连杆长度
前提条件	无
输出参数及类型	char**：末端位置
返回及类型	int：处理是否成功。SOAP_OK：成功

接口定义	// 定义接口名为 forwardC
	// 功能描述：六轴机械臂正运动学
	// 输入参数及类型
	// - char* joints: 六轴机械臂关节角度
	// - char* links: 六轴机械臂连杆长度
	// 前提条件：无
	// 输出参数及类型
	// - char** end_effector_pos: 末端位置
	// 返回及类型：int，处理是否成功。SOAP_OK 表示成功
	int forwardC(char* joints, char* links, char** end_effector_pos);

正运动学组件的服务实现过程如下。

1）首先利用 RDCS 的服务框架代码工具生成逆运动学服务的服务框架代码，如 6.1.1 节。

2）编写服务框架加载程序以及实现正运动学服务接口。生成服务框架代码只是定义了服务与外部的交互逻辑，但是具体的正运动逻辑以及服务框架的加载启动还需要开发者编程。在生成的服务框架代码中，需要开发者实现的正运动学服务接口在名为 "soapStub.h" 的代码内定义，图 6-8 所示为 "soapStub.h" 内定义需要实现的正运动学服务接口定义的截图。服务框架加载与正运动学服务接口代码如下。

```
/*****************************************************************\
 *                                                                 *
 * Server-Side Operations                                          *
 *                                                                 *
\*****************************************************************/

    /** Web service operation 'forwardC__robot' implementation, should return SOAP_OK or error code */
    SOAP_FMAC5 int SOAP_FMAC6 forwardC__robot(struct soap*, char *joints, char *links, char **end_effector_pos);
```

图 6-8　服务框架代码生成服务接口的定义

服务框架加载代码
请参照 6.1.1 节中服务框架加载代码，注意同一本地主机的端口号不得重复。

正运动学服务接口代码
```
// 正运动学计算函数
SOAP_FMAC5 int SOAP_FMAC6 forwardC__robot(struct soap*, char* joints, char* links, char** end_effector_pos){
    // 这里是正运动学计算的逻辑
    // 假设这里完成了正运动学的计算，得到末端位置的字符串
    // 为简化示例，直接拼接字符串作为末端位置
    std::string end_effector_position = "X: 1.2, Y: –0.5, Z: 0.8";
    // 分配内存并复制结果到输出参数
    *end_effector_pos = (char*)malloc(end_effector_position.size( ) + 1);
    if (*end_effector_pos) {
        std::strcpy(*end_effector_pos, end_effector_position.c_str( ));
    }
}

// 正运动学服务接口函数
int forwardC(char* joints, char* links, char** end_effector_pos) {
    // 调用正运动学计算函数
    calculateForwardKinematics(joints, links, end_effector_pos);

    return SOAP_OK; // 返回 SOAP_OK 表示成功
}
```

3）利用设备描述 XML 文件生成工具，生成设备元数据信息。如图 6-9a 所示，首先单击"设备 xml 文件生成工具"按钮，在新的页面（见图 6-9b）中填入当前服务的信息，然后单击"生成 XML 文件"按钮。

4）利用 RDCS 套件生成服务的元数据信息，导入 RDCS 开发套件，该套件会根据元数据信息启动加载服务程序，如图 6-10 所示。并部署设备服务，具体过程如下：

首先将组件服务端加载的 3 个文件（forwardC.dll 文件、forwardC.wsdl 文件、forwardC.xml 文件）放入 RDCS 根目录下，如图 6-11 所示。其中 forwardC.dll 为正运动学组件底层算法编译出的动态链接库文件，forwardC.wsdl 为正运动学组件 WebService 描述文件，forwardC.xml 为加载正运动学组件所需的设备描述文件。

第 6 章 总线上应用生态组件的设计

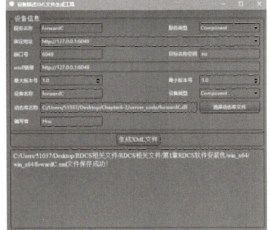

a)   b)

图 6-9 设备描述 XML 文件生成工具

图 6-10 正运动学组件服务端配置

图 6-11 正运动学组件设备导入

5）运行 RDCS.exe，选择"导入设备"，再选择上一步放入的 forwardC.xml 文件，如图 6-12 所示。

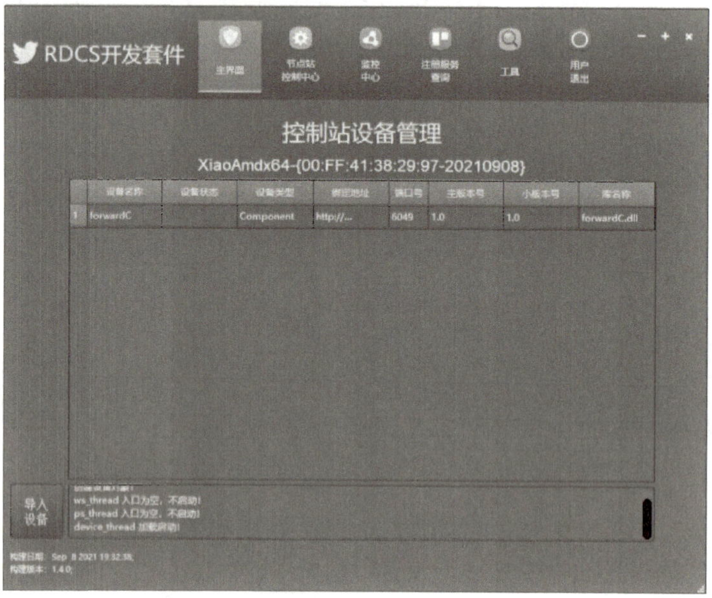

图 6-12 正运动学组件设备注册

至此，正运动学组件的服务端加载已完成。

6.1.3 逆运动学组件

1. 背景与基本原理

逆运动学是机器人学中的关键概念，它涉及确定机械臂各关节角度，以便使末端执行器达到特定的位置和姿态。这一过程与正运动学相对，后者是根据已知关节角度计算末端执行器的位置和姿态。逆运动学问题通常比正运动学复杂，因为它可能存在多个解或无解的情况。在实际应用中，逆运动学对于机器人的运动规划、控制、避障以及执行抓取和操作任务至关重要。逆运动学的解决方案可以是数值解或解析解，其中解析解通常只适用于特定类型的机器人结构，而数值解法则更为通用。如牛顿 - 拉弗森方法，这是一种基本的非线性求根算法。以下是逆运动学组件求解过程的概述：

1）将机械臂末端的位置和姿态作为迭代算法的目标变量。

2）构建从当前关节角度估计到下一个估计的迭代公式。这一步骤是迭代求解逆运动学问题的核心。

3）使用牛顿 - 拉弗森方法或其他数值方法进行迭代，逐步逼近关节角度的解。

4）当迭代得到的关节角度使得末端执行器的位置和姿态满足预定的精度要求时，结束迭代。

2. 接口设计与服务实现

基于上述理论描述，可以看出对于逆运动学算法，它的输入通常是末端的位置姿态，而输出则为关节的角度信息，因此我们将逆运动学组件的接口进行定义，见表 6-3。

表 6-3 逆运动学组件接口定义

项目	内容
接口名	calculateInverseKinematics
功能描述	六轴机械臂逆运动学组件
输入参数及类型	struct ArmPose：结构体包含机械臂末端位置 (x, y, z) 和机械臂末端姿态 (roll, pitch, yaw)
输出参数及类型	struct JointAngles：结构体包含机械臂关节角度 (J1, J2, J3, J4, J5, J6)
返回及类型	int：处理是否成功。SOAP_OK：成功
接口名	calculateInverseKinematics

接口定义	// 定义输入参数的结构体
	struct ArmPose {
	    double position[3]; // 机械臂末端位置 (x, y, z)
	    double orientation[3]; // 机械臂末端姿态 (roll, pitch, yaw)
	};
	// 定义输出参数的结构体
	struct JointAngles {
	    double angles[6]; // 机械臂关节角度 (J1, J2, J3, J4, J5, J6)
	};
	// 定义服务接口
	int inversel__calculateInverseKinematics(struct ArmPose pose, struct JointAngles* result);

逆运动学组件的服务实现过程如下。

1）首先利用 RDCS 的服务框架代码工具生成逆运动学服务的服务框架代码，参见 6.1.1 节。

2）编写服务框架加载程序以及实现逆运动学服务接口。服务代码框架只是定义了服务与外部的交互逻辑，但是具体的逆运动学实现还需要自己来实现，此外服务框架的加载启动还需要配置。逆运动学服务接口的定义位于生成的服务框架代码中的"soapStub.h"文件内，如图 6-13 所示。服务框架加载与逆运动学组件的实现代码如下。可以看到，首先将用户传入的消息转换为本地的消息格式，然后调用封装的算法服务。

```
/*****************************************************\
 *                                                     *
 * Server-Side Operations                              *
 *                                                     *
\*****************************************************/

/** Web service operation 'inversel__calculateInverseKinematics' implementation, should return SOAP_OK or error code */
SOAP_FMAC5 int SOAP_FMAC6 inversel__calculateInverseKinematics(struct soap*, struct ArmPose pose, struct JointAngles *result);
```

图 6-13 服务接口的定义

服务框架加载代码

请参照 6.1.1 节服务框架加载代码，注意同一本地主机的端口号不得重复。

逆运动学服务接口代码

SOAP_FMAC5 int SOAP_FMAC6 inversel__calculateInverseKinematics(struct soap*, struct ArmPose pose, struct JointAngles* result)
{

```
    // 这里是逆运动学计算的逻辑
    // 假设这里完成了逆运动学的计算，得到关节角度的字符串
    // 为简化示例，直接拼接字符串作为关节角度
    std::string joint_angles = "J1: 45.0, J2: 30.0, J3: 60.0";
    // 分配内存并复制结果到输出参数
    *joints = (char*)malloc(joint_angles.size( ) + 1);
    if (*joints) {
        std::strcpy(*joints, joint_angles.c_str( ));
    }

    return SOAP_OK; // 返回 SOAP_OK 表示成功
}

// 逆运动学服务接口函数
int inversel__calculateInverseKinematics(struct ArmPose pose, struct JointAngles* result) {
    // 调用逆运动学计算函数
    inversel__calculateInverseKinematics(nullptr,ArmPose pose, JointAngles);

    return SOAP_OK; // 返回 SOAP_OK 表示成功
}
```

3）利用设备描述 XML 文件生成工具，生成设备元数据信息。如图 6-14a 所示，首先单击"设备 xml 文件生成工具"按钮，在新的页面（见图 6-14b）中填入当前服务的信息，然后单击"生成 XML 文件"按钮。

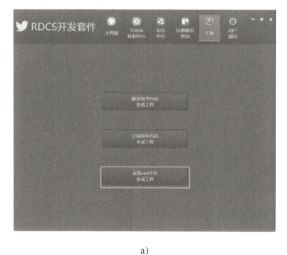

a)　　　　　　　　　　　　　　　　b)

图 6-14　设备描述 XML 文件生成工具

4）部署设备服务。具体过程如下：首先将组件服务端加载的 3 个文件（.dll 文件、.wsdl 文件、.xml 文件）放入 RDCS 根目录下，如图 6-15 所示。其中 Project1.dll 为逆运动学组件底层算法编译出的动态链接库文件，inversel.wsdl 为逆运动学组件 WebService 的描述文件，inversel.xml 为加载逆运动学组件所需的设备描述文件。

第 6 章 总线上应用生态组件的设计

图 6-15 逆运动学组件服务端配置

5）运行 RDCS.exe，选择"导入设备"，再选择上一步放入的 inversel.xml 文件，如图 6-16 所示。导入设备后，用鼠标右键单击该设备，在弹出的快捷菜单中选择"注册"，如图 6-17 所示。

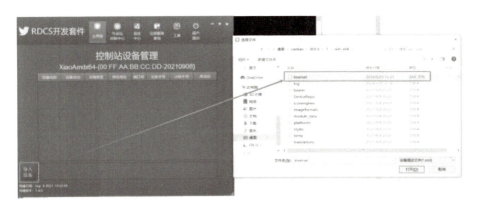

图 6-16 逆运动学组件设备导入

图 6-17 逆运动学组件设备注册

至此，逆运动学组件的服务端加载已完成。

6.1.4 目标识别组件

1. 背景与基本原理

目标识别作为计算机视觉领域的核心技术，专注于从视觉数据中检测和识别特定目标或物体。这项技术赋予了机器理解视觉场景的能力，使得它们能够对场景中的物体进行分类和定位。目标识别技术起源于早期的计算机视觉研究，并随着时间的推移，已经从基本的图像处理技术演变为一个融合了深度学习、模式识别和机器学习的综合技术领域。

随着多年的发展，目前先进性能最优异、应用最广的目标识别算法当属 YOLO（You Only Look Once）系列。YOLO 算法将目标检测的问题视为一种回归任务，是端到端的一阶段目标检测方法，可以出色地完成图像中目标的分类和定位任务。YOLO 通常使用 DarkNet 作为特征提取的主干网络，通过组合多种 1×1 和 3×3 的卷积操作，堆叠成高维、高层的特征提取卷积神经网络。在网络末端，根据任务需求，将卷积层替换为全连接层，对目标的位置特征进行计算和概率预测，从而实现目标的分类和定位。

YOLOv5 的网络结构主要分为三部分：Backbone、Neck 和 Head 部分，如图 6-18 所示。在 Backbone 和 Neck 部分，采用了 CSP1 和 CSP2 结构，CSP 结构是在 CBL 基础上进行的升级优化，通过特征拼接，将原输入特征图与 CBL 结构处理后的特征进行拼接，实现了底层特征的进一步融合。

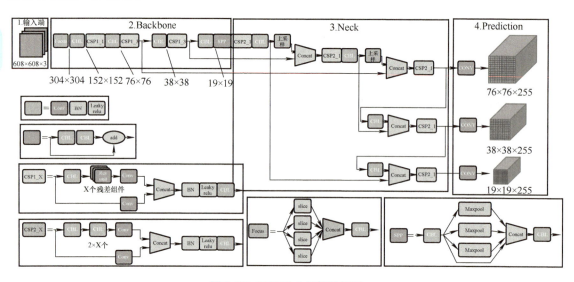

图 6-18　YOLOv5 网络结构图

在 YOLOv5 的检测任务过程中，首先将输入图像的尺寸进行统一，然后将图像划分为 $S \times S$ 尺寸的单元区域。当被检测物体的中心点位于单元格内部时，通过网络的特征提取模块预测物体的位置与其类别信息。

由于其检测的不确定性，通常对于目标进行置信度的检测，置信度计算通常采用标签标注的真实目标位置坐标和通过网络预测得到的未知坐标进行交并比计算，在 $0 \sim 1$ 的范围内，确定是否为该物体真实存在的概率，因此，当一个检测框同时检测到了多个物体在该区域存在时，YOLO 算法将采用非极大抑制（NMS）的方法来过滤筛选掉置信度较低的检测候选框，最终，留下并得到置信度最高的检测框，置信度的计算方法如下所示：

$$\sigma(t_0) = Pr(object) * IOU(b, object) \tag{6-1}$$

式中，Pr(object) 表示划分区域单元中是否包含待检目标，存在为 1，否则为 0；IOU(b, object) 表示真实与预测的交并比，代表了检测框的准确度量。

2. 接口设计与服务实现

通过上述描述可以看出，对于一个目标识别任务，其输入通常为一张图像，输出则是一个标记区域以及该区域对应的置信度值，因此针对目标识别算法的服务接口进行定义，见表 6-4。

表 6-4 目标识别组件接口定义

项目	内容
接口名	classification
功能描述	目标识别组件
输入参数及类型	struct TargetRecognitionRequest：自定义 TargetRecognitionRequest 结构体，用于存放图片像素的矩阵。还有用于存储 base64 序列化图像数据和采用的编码方式 int：原图的宽（像素） int：原图的高（像素）
输出参数及类型	struct TargetRecognitionResponse：自定义 TargetRecognitionResponse 结构体，包含识别结果的标签序列值和识别结果的置信度浮点数
返回及类型	int：处理是否成功。SOAP_OK：成功

接口定义	// 目标识别请求和响应结构体
	struct TargetRecognitionRequest {
	    std::string imageData; // 目标图像的 base64 编码数据
	    int width; // 图像宽度
	    int height; // 图像高度
	    std::string encoding; // 编码格式，如 JPEG、PNG 等
	};
	struct TargetRecognitionResponse {
	    std::string label; // 识别结果的标签
	    float confidence; // 识别结果的置信度
	};
	int classification__target_recognize(struct TargetRecognitionRequest request, struct TargetRecognitionResponse* response);

目标识别组件的服务实现过程如下。

1）首先利用 RDCS 的服务框架代码工具生成逆运动学服务的服务框架代码，如 6.1.1 节。

2）编写服务框架加载程序以及实现目标识别服务接口。服务代码框架只是定义了服务与外部的交互逻辑，但是具体的目标识别实现还需要自己来实现，此外服务框架的加载启动还需要配置。目标识别服务接口的定义位于生成的服务框架代码中的 "soapStub.h" 文件内如图 6-19 所示。服务框架加载与目标识别组件的实现代码如下。

```
* Server-Side Operations                                                        *
\**************************************************************/

/** Web service operation 'classification__target_recognize' implementation, should return SOAP_OK or error code */
SOAP_FMAC5 int SOAP_FMAC6 classification__target_recognize(struct soap*, struct TargetRecognitionRequest request, struct TargetRecognitionResponse *response);
```

图 6-19　目标识别服务接口的定义

服务框架加载代码

请参照 6.1.1 节中服务框架加载代码，注意同一本地主机的端口号不得重复。

目标识别服务接口代码

```cpp
#include "opencv2/opencv.hpp"
#include "soapH.h"
#include "base64.h" // 包含 base64 解码功能的自定义头文件

std::string base64_decode(const std::string& base64Str) {
    // 使用 base64 解码库来完成
    return base64Str; // 需要根据实际解码结果进行修改
}
// 将 base64 编码的图像数据解码为 cv::Mat
cv::Mat decodeBase64ToMat(const std::string& base64Str) {
    std::string decodedStr = base64_decode(base64Str);
    cv::Mat image = cv::imdecode(decodedStr, cv::IMREAD_COLOR);
    return image;
}
// 目标识别结构体
struct recognizeTarget {
    float x_Classification;
    float y_Classification;
    float z_Classification;
};
// 目标识别服务接口函数
int recognizeTarget(struct soap* soap,
            const std::string& base64ImageData,
            TargetPosition* target_position) {
    // 将 base64 编码的图像数据解码为 cv::Mat
    cv::Mat image = decodeBase64ToMat(base64ImageData);
    // 检查图像是否解码成功
    if (image.empty( )) {
        std::cerr << "Failed to decode image from base64 data." << std::endl;
        return -1; // 返回 -1 表示失败
    }
    // 调用目标识别函数
    recognizeTarget(image, target_position);
    return 0; // 返回 0 表示成功
}
// gSOAP 服务接口定义
```

```
int __declspec(dllexport) WebService_RecognizeTarget(const char* base64ImageData, TargetPosition* target_position) {
    return recognizeTarget(nullptr, base64ImageData, target_position);
}
```

3）服务接口的定义。目标识别组件的服务接口实现如图 6-19 所示，可以看到将用户传入的消息转换为本地的消息格式，然后调用封装的算法服务。

4）生成设备元数据信息。利用设备描述 XML 文件生成工具，如图 6-20 所示，按照内容填入当前服务的信息，然后单击"生成 XML 文件"按钮。

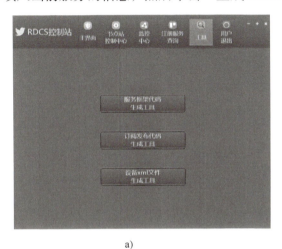
a)

b)

图 6-20　设备描述 XML 文件生成工具

5）利用 RDCS 套件生成服务的元数据信息，导入 RDCS 开发套件，该套件会根据元数据信息启动加载服务程序，并向服务总线注册该服务。具体过程如下。

首先将组件服务端加载的 3 个文件（classification.dll 文件、classification.wsdl 文件、classification.xml 文件）放入 RDCS 根目录下，如图 6-21 所示。其中 classification.dll 为目标识别组件底层算法编译出的动态链接库文件，classification.wsdl 为目标识别组件 WebService 描述文件，classification.xml 为加载目标识别组件所需的设备描述文件。

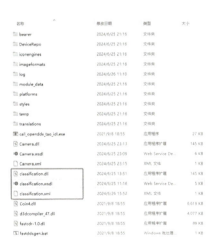

图 6-21　目标识别组件服务端配置

运行 RDCS.exe，选择"导入设备"，再选择上一步放入的 classification.xml 文件，如图 6-22 所示。导入设备后，用鼠标右键单击该设备，在弹出的快捷菜单中选择"注册"，如图 6-23 所示。

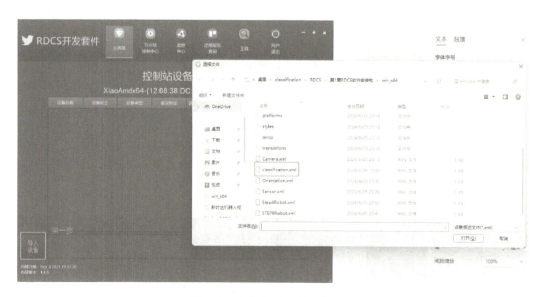

图 6-22　目标识别组件设备导入

图 6-23　目标识别组件设备注册

至此，目标定位组件的服务端加载已完成。

6.1.5　路径规划组件

1. 背景与基本原理

路径规划在机器人技术和自动驾驶领域扮演着至关重要的角色。它的核心任务是为机器人或自动驾驶车辆计算出一条高效、安全的路径，使其从起点出发，以最短的时间抵达目标点。在多机器人或多车协同作业的场景中，路径规划还需要确保各参与者之间不会发生碰撞，从而实现协同作业。

路径规划算法主要分为两大类：全局路径规划和局部路径规划。全局路径规划的职责是在完整的环境地图上预先计算出一条从起点到目标点的最优路径。相对而言，局部路径规划则侧重于在机器人或车辆实际运动过程中，根据实时感知到的环境信息，动态调整路径以规避突然出现的障碍物。

这里以 A^* 算法为例，简单说明这类算法的输入输出。A^* 算法是一种广泛使用的路径搜索算法，它通过评估节点的代价来寻找从起点到目标点的最短路径。以下是 A^* 算法的基本步骤：

1）选择起点作为起始节点，并将其加入一个名为"开启列表"的数据结构中，该列表用于存储待评估的节点。

2）循环搜索：直到目标节点被加入"关闭列表"，或"开启列表"变空，表示无法找到路径：从"开启列表"中选取具有最低代价的节点，作为当前节点；将当前节点从"开启列表"移除，并加入"关闭列表"，表示该节点已经评估过。

3）邻居节点评估：

如果邻居节点在"关闭列表"中，跳过。

如果邻居节点尚未在"开启列表"中，计算从起点到该邻居节点的代价，并将其加入"开启列表"。

如果邻居节点已经在"开启列表"中，比较通过当前节点到达该邻居节点的新路径与已知路径，如果新路径的代价更低，则更新该邻居节点的代价。

2. 接口设计与服务实现

基于上述描述，可以看出路径规划的输入通常为一个空间位置点，输出为一系列点位。因此为了实现此类算法的服务化，定义接口见表 6-5。

表 6-5　路径规划组件接口定义

项目	内容
接口名	getPathSegment
功能描述	路径规划组件
输入参数及类型	struct Point：结构体包含位置坐标 x,y,z
输出参数及类型	struct PathSegment：结构体包含起始点 start，终点 end，路径 path
返回及类型	int：处理是否成功。SOAP_OK：成功

接口定义	// 定义输入参数的结构体
	struct Point {
	　　double x;
	　　double y;
	　　double z;
	};
	// 定义路径段的结构体
	struct PathSegment {
	　　struct Point start;
	　　struct Point end;
	　　std::vector<struct Point> path;
	};
	// 定义服务接口
	int planPath__getPathSegment(struct Point start, struct Point goal, struct PathSegment* path);

路径规划组件的服务实现过程如下。

1）首先利用 RDCS 的服务框架代码工具生成逆运动学服务的服务框架代码，如 6.1.1 节。

2）编写服务框架加载程序以及实现路径规划服务接口。服务代码框架只是定义了服务与外部的交互逻辑，但是具体的路径规划实现还需要自己来实现，此外服务框架的加载启动还需要配置。路径规划服务接口的定义位于生成的服务框架代码中的"soapStub.h"文件内如图 6-24 所示。服务框架加载与路径规划组件的实现代码如下。可以看到首先将用户传入的消息转换为本地的消息格式，然后调用封装的算法服务。

```
/******************************************************************\
 *                                                                  *
 * Server-Side Operations                                           *
 *                                                                  *
\******************************************************************/

/** Web service operation 'planPath__getPathSegment' implementation, should return SOAP_OK or error code */
SOAP_FMAC5 int SOAP_FMAC6 planPath__getPathSegment(struct soap*, struct Point start, struct Point goal, struct PathSegment *path);
```

图 6-24　服务接口的定义

服务框架加载代码

请参照 6.1.1 节中服务框架加载代码，注意同一本地主机的端口号不得重复。

路径规划服务接口代码

```cpp
// A*算法函数
std::vector<std::string> aStarAlgorithm(char* start_pos, char* goal_pos) {
    // 初始化开放列表和关闭列表
    std::priority_queue<Node> open_list;
    std::map<std::string, double> closed_list;
    // 将起点加入开放列表
    open_list.push({start_pos, 0, heuristic(start_pos, goal_pos), nullptr});
    while (!open_list.empty()) {
        Node current_node = open_list.top();
        open_list.pop();
        // 如果当前节点是目标节点，构建路径并返回
        if (current_node.position == goal_pos) {
            std::vector<std::string> path;
            while (current_node.parent) {
                path.push_back(current_node.position);
                current_node = *current_node.parent;
            }
            path.push_back(start_pos); // 加入起点
            std::reverse(path.begin(), path.end());
            return path;
        }
        // 将当前节点加入"关闭列表"
        closed_list[current_node.position] = current_node.g_cost;
        // 获取当前节点的邻居节点
```

```cpp
        std::vector<Node> neighbors = getNeighbors(current_node);
        for (Node& neighbor : neighbors) {
            // 如果邻居节点已在"关闭列表"中,跳过
            if (closed_list.find(neighbor.position) != closed_list.end( )) continue;
            // 计算邻居节点的成本
            neighbor.g_cost = current_node.g_cost + distance(current_node.position, neighbor.position);
            neighbor.h_cost = heuristic(neighbor.position, goal_pos);
            neighbor.parent = new Node(current_node); // 设置父节点
            // 将邻居节点加入"开启列表"
            open_list.push(neighbor);
        }
    }
    // 如果路径未找到,返回空路径
    return std::vector<std::string>( );
}
// 估算 h_cost 的启发式函数(曼哈顿距离)
double heuristic(char* current_pos, char* goal_pos) {
    // 这里应该是根据实际情况计算曼哈顿距离
    // 为简化示例,这里返回一个固定值
    return 10.0;
}
// 获取邻居节点的函数
std::vector<Node> getNeighbors(const Node& current_node) {
    // 这里应该是根据实际情况获取邻居节点
    // 为简化示例,这里返回一个固定的邻居列表
    return std::vector<Node>{
        {"Waypoint1", 0, 0, nullptr},
        {"Waypoint2", 0, 0, nullptr}
    };
}
// 计算两个位置之间的距离
double distance(const std::string& pos1, const std::string& pos2) {
    // 这里应该是根据实际情况计算距离
    // 为简化示例,这里返回一个固定值
    return 5.0;
}
// 路径规划服务接口函数
int planPath__getPathSegment(struct Point start, struct Point goal, struct PathSegment* path) {
    // 调用 A* 算法函数
    std::vector<std::string> path = aStarAlgorithm(start_pos, goal_pos);
    // 将路径转换为字符串
    std::string path_str = "Path: ";
    for (const std::string& p : path) {
        path_str += p + " -> ";
    }
    path_str += "Goal";
```

```
    // 分配内存并复制结果到输出参数
    *planned_path = (char*)malloc(path_str.size( ) + 1);
    if (*planned_path) {
        std::strcpy(*planned_path, path_str.c_str( ));
    }
    return SOAP_OK; // 返回 SOAP_OK 表示成功
}
```

3）利用设备描述 XML 文件生成工具，生成设备元数据信息。如图 6-25a 所示，首先单击"设备 xml 文件生成工具"按钮，在新的页面（见图 6-25b）中填入当前服务的信息，然后单击"生成 XML 文件"按钮。

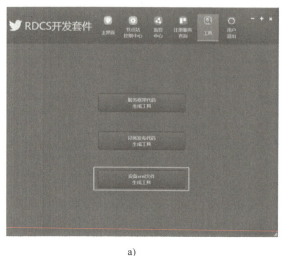
a)

b)

图 6-25　设备描述 XML 文件生成工具

4）部署设备服务。具体过程如下：首先将组件服务端加载的 3 个文件（.dll 文件、.wsdl 文件、.xml 文件）放入 RDCS 根目录下，如图 6-26 所示。其中 Project2.dll 为路径规划组件底层算法编译出的动态链接库文件，planPath.wsdl 为路径规划组件 WebService 描述文件，planPath.xml 为加载路径规划组件所需的设备描述文件。

图 6-26　逆运动学组件服务端配置

运行 RDCS.exe，选择"导入设备"，再选择上一步放入的 planPath.xml 文件，如图 6-27 所示。导入设备后，用鼠标右键单击该设备，在弹出的快捷菜单中选择"注册"，如图 6-28 所示。

第 6 章　总线上应用生态组件的设计

图 6-27　路径规划组件设备导入

图 6-28　路径规划组件设备注册

至此，路径规划组件的服务端加载已完成。

6.2　通用组件开发

在软件开发和系统集成过程中，通用组件扮演着至关重要的角色。这些组件旨在满足广泛的需求，可以跨不同的应用场景和系统进行复用，从而提高开发效率、减少重复劳动、并增强系统的可靠性和可维护性。通用组件包括但不限于日志保存、数据库操作、配置管理、系统集成等功能。本节将详细介绍两种常见的通用组件：服务注册查询组件和 ROS 桥接组件。

6.2.1　服务注册查询组件

1. 背景与基本原理

服务注册查询组件是分布式系统中关键的基础设施，主要用于管理和查询服务的可用性和位置。在微服务架构中，服务实例可能会频繁地启动和停止，因此需要一个中心化的服务注册表来记录当前所有可用服务的位置信息。当一个服务启动时，它会向服务注册查询组件进行注册，记录自己的地址、端口和其他元数据信息。其他服务在需要调用这个服务时，可以通过查询服务注册表获取该服务的最新位置信息，从而实现服务之间的动态发现和调用。服务注册查询组件在保证系统灵活性和扩展性的同时，也提高了服务调用的可靠性和效率。

服务注册查询组件通常由两部分组成：服务注册器和服务发现器。服务注册器负责接收服务的注册和注销请求，将服务实例的信息（见表6-6）保存在数据库。服务发现器则提供查询接口，供客户端查询特定服务的可用实例，例如服务功能、服务地址、版本。在实现上，可以采用集中式（如 Eureka）或去中心化（如 Consul、ZooKeeper）的方法。集中式方法中，所有服务注册信息集中存储在一个中央节点，容易管理但有单点故障风险。去中心化方法中，服务注册信息分布存储，具有更高的容错性和扩展性。通过服务注册查询组件，系统可以动态调整服务实例，提高资源利用率和系统稳定性。

表 6-6 服务属性信息

名称	描述
服务名称 （Service Name）	服务的唯一标识符，用于区分不同的服务
服务地址 （Service Address）	服务的网络位置信息，通常是服务所在的主机地址或域名
服务端口 （Service Port）	服务运行的端口号，客户端通过该端口与服务建立连接
版本 （Service Version）	服务的版本标识，用于区分不同版本的服务实现
Web 服务描述 （WSDL）	Web Services Description Language，用于描述 Web 服务的接口、操作、消息格式和通信协议
服务类型 （Service Type）	指定服务的类型或分类，如设备服务、算法服务等

2. 接口设计与服务实现

基于以上描述，设计服务注册查询的服务接口，见表6-7。

表 6-7 服务注册查询接口定义

项目	内容
接口名	registeService
功能描述	注册某个服务
输入参数及类型	struct ServiceInfo：结构体包含服务的属性信息
输出参数及类型	int：0：服务注册成功；1：服务注册失败；2：服务已经存在
返回及类型	int：处理是否成功。SOAP_OK：成功
接口名	getService

(续)

项目	内容
功能描述	查询服务
输入参数及类型	希望查询的服务名称、服务地址、服务类型
输出参数及类型	struct ServiceInfo*：结构体包含服务的属性信息
返回及类型	int：处理是否成功。SOAP_OK：成功

接口定义	// 定义服务信息结构体
	struct ServiceInfo{
	    char* serviceName;
	    char* serviceAddress;
	    char* servicePort;
	    char* serviceVersion;
	    char* serviceWSDL;
	    char* serviceType;
	};
	// 定义查询需要提供信息结构体
	struct QueryInfo{
	    char* serviceName;
	    char* serviceAddress;
	    char* serviceType;
	};
	// 服务注册接口
	int conmon__registeService(struct ServiceInfo serviceInfo, int* result);
	// 服务查询接口返回 n 个查询到的 ServiceInfo
	int conmon__getService(struct ServiceInfo QueryInfo, struct ServiceInfo* servielist, int* num);

关于如何开发满足 RDCS 机器人中间件开发规范的服务，在上一节中进行了多次展示，这里就不再展开阐述如何基于制定好的接口来实现设备服务化封装，请读者仿照前面的讲解自行完成服务注册与查询组件的服务化封装工作。

6.2.2 ROS 桥接组件

1. 背景与基本原理

作为工业机器人中间件的一项重要成果，RDCS 服务总线是机器人中间件的核心组件，负责管理、调度系统中各种组件服务。因此，其上加载的服务组件决定着工业机器人的应用前景。目前中间件系统中所提供的组件尚不完善，需要大量优秀的通用和应用组件来扩充 RDCS 中间件生态环境、提供完善的解决方案，从而吸引更多的技术专家参与本项目。

ROS 操作系统是一种机器人操作系统，经过十多年的发展，其生态组件非常丰富。因此，如何将 ROS 下的组件服务引入 RDCS 服务总线，丰富工业机器人中间件是本节的主要目的。

由于 RDCS 机器人中间件和 ROS 是框架结构、通信协议、设计模式均不同的两大系统。如何实现 ROS 域的各类异构资源向 RDCS 域映射，首先需要针对 ROS 下各类异构数据、功能，利用中间件标准规范进行合适抽象，制定一套 ROS 元数据、接口规范。在此基础上设计一套面向对象的 ROS 云网关，实现与 RDCS 的无缝集成，在扩充 RDCS 组件生态的同时实现 ROS 资源实时访问。

2. 总体框架设计

不同于前面所述的各种功能单一的组件，ROS 桥接组件是非常复杂的组件，需要同时兼顾 RDCS 和 ROS 两类框架的特点。由于 ROS 开发部署环境相对封闭，而 RDCS 又具有开放的标准规范，在该组件的实现上采用基于 ROS 开发环境开发一套满足 RDCS 规范的桥接组件。ROS 桥接组件的整体框架图如图 6-29 所示。主要涉及如下模块：

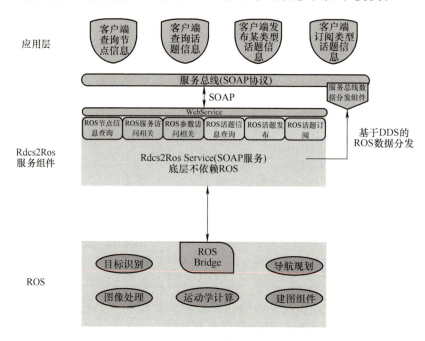

图 6-29　系统框架图

1) ROS（Robot Operator System, 机器人操作系统）：该模块即为待映射域, 其生态系统中有各种优秀的算法包。这些算法包采用 ROS 的通信协议标准, 需要被映射到 RDCS 机器人中间件中, 以丰富中间件的生态。

2) 服务总线：该模块为 RDCS 中间件的核心, 负责管理挂载注册其上的各类服务, 实现柔性编排开发。

3) 应用层：该模块为用户端实现。用户通过中间件定义的接口协议标准, 通过挂载服务总线的 Rdcs2Ros 服务组件实现对 ROS 下资源信息的获取。

3. Rdcs2Ros 组件模块设计

Rdcs2Ros 组件主要模块如图 6-30 所示。

可以看出, 该组件主要有五个模块。分别是：

图 6-30　Rdcs2Ros 组件结构图

1）服务接口：将 ROS 域资源以满足 RDCS 服务接口规范的形式抽象封装，从而便于集成到 RDCS 域。

2）数据发布：主要是将当前组件信息、连接的 ROS 域中的信息实时地更新到服务总线。

3）后台服务处理：将 ROS Bridge 接口封装，从而方便服务接口业务调用。

4）ROS 状态监控：定时扫描 ROS 域状态信息，如存在哪些 ROS 服务、话题、参数等，实时保存到本地，同时利用数据发布模块提交服务总线。

5）ROS Bridge 协议转换：该模块的 ROS 自带的组件用来实现对 ROS 资源访问。

下面将分别就上述各个模块的设计细节进行介绍。

（1）ROS 桥接组件接口设计

Rdcs2Ros 以服务的形式对外提供服务，为了实现对 ROS 资源统一访问，设计接口见表 6-8。

表 6-8　Rdcs2Ros 组件接口设计

功能	接口名称	输入参数	输出参数
获得 ROS 域中节点列表	node_get_node_list	无	String：JSON 格式节点列表
获得 ROS 域中节点详细信息	node_get_node_details	String：节点名称	String：JSON 格式节点详细信息
获得 ROS 域中参数列表	params_get_params_list	无	String：JSON 格式参数列表
获得参数值	params_get_params_value	String：节点名称	String：JSON 格式参数值
设置某参数	params_set_params_value	String：节点名称 String：JSON 格式参数值	Int：0：成功，其他：失败
删除参数	params_delete_params	String：节点名称	Int：0：成功，其他：失败
获得 ROS 域中服务列表	server_get_server_list	无	String：JSON 格式服务列表
查询某服务类型	server_get_service_type	String：服务名称	String：JSON 格式类型
查询某类型的服务	server_get_services_for_type	String：JSON 格式服务类型	String：JSON 格式服务列表
调用某服务	server_call_sever	String：服务名称 String：JSON 格式服务请求参数	String：JSON 格式服务响应参数
获得 ROS 域中话题列表	topic_get_topic_list	无	String：JSON 格式话题列表
查询某话题类型	params_get_topic_type	String：话题名称	String：JSON 格式类型
发布某格式话题	topic_pub_type_topic	String：话题名称 String：话题类型 String：JSON 格式话题内容	Int：0：成功，其他：失败
订阅某类型名称话题	topic_sub_type_topic	String：话题名称 String：话题类型 String：数据推送 http 地址	Int：0：成功，其他：失败

为了更快地构建 Rdcs2Ros 组件，考虑到 ROS 能够很好地支持 Python 开发，这里没有采用 RDCS 开发套件所提供的开发工作流，而是遵循 RDCS 的服务封装标准基于 Python spyne 实现接口。下面是一个简单的服务实现示例。这里由于服务接口较多，就不一一展示

了，具体可以参考本书的参考代码。

```python
from spyne import rpc
from spyne import ServiceBase

class Rdcs2RosServService(ServiceBase):
#++++++++ 节点操作类 +++++++++++++++++++++++++
    # 返回节点信息
    @rpc(_returns=Unicode)
    def node_get_node_list(self):
        node_list = str(ros_client.get_node_list( ))
        return node_list

    # 获得节点详细信息
    @rpc(Unicode, _returns=Unicode)
    def node_get_node_details(self, node_name):
        node_details = str(ros_client.get_node_details(node_name))
        return node_details

#++++++++ 参数操作类 +++++++++++++++++++++++++
    # 返回参数列表
    @rpc(_returns=Unicode)
    def params_get_params_list(self):
        params_list = str(ros_client.get_params_list( ))
        return params_list
```

（2）组件注册与数据更新

RDCS 组件不是一个独立软件，其最终需要注册到 RDCS 服务总线，从而将 ROS 中众多算法组件资源共享到 RDCS 中间件。因此，需要与服务总线保持通信。数据发布模块起到与服务总线交互的作用。其提供两个接口：一个是组件注册，用来将当前 Rdcs2Ros 组件注册到服务总线；另一个是数据更新，将当前 Rdcs2Ros 组件所绑定的 ROS 中包含的话题、服务、参数的信息定时地提交给服务总线。

（3）后台服务处理

服务接口模块只是服务用户请求消息的接入，具体的执行逻辑在后台服务处理模块，因此该模块中提供的接口与定义的服务接口是一一对应的。该模块主要是将 ROS Bridge 的操作进行封装，避免在服务接口中引入复杂的 ROS Bridge 操作。下面代码是发布话题的服务逻辑封装。可以看到，该类首先建立与 ROS Bridge 的连接，当有数据发布时，调用 ROS Bridge 发布给 ROS 域中的订阅者。

```python
class RosClient(object):
    # 初始化 连接 ROS Bridge
    def __init__(self):
        self.topic_info_update = None
        self.params_info_update = None
        self.node_info_update = None
```

```python
        self.client = None
    def connect(self, host, port):
        print("RosClient Create,Info is:", host, port)
        try:
            self.client = roslibpy.Ros(str(host), int(port))
            self.client.run( )
        except Exception as e:
            print(e)
    # 发送主题消息
    def pub_topic(self, topic_name, topic_type, topic_value):
        # print('ros pub topic',topic_name,topic_type,topic_value)
        talker = roslibpy.Topic(self.client, topic_name, topic_type, None, False, 0, 1000, 0, True)
        # talker.advertise( )
        # 需要把 json 转 dict 构造 Message
        print("Input TopicValue", topic_value)
        value_dict = json.loads(str(topic_value))
        # print('value_dict', value_dict)
        talker.publish(Message(value_dict))
        # talker.unadvertise( )
```

（4）ROS 状态监控

该模块也是基于 ROS Bridge 设计开发，在该模块将通过封装好的后台服务处理查询节点，如话题、参数、服务列表信息，随后构建当前 ROS 的状态信息，通过数据发布模块发送给服务总线，其代码如下所示。

```python
# ROS 域状态监控线程
def ros_info_monitor(core_inst, loop_times):
    while moniter_flag:
        node_list = ros_client.get_node_list( )
        topic_list = ros_client.get_topic_list( )
        params_list = ros_client.get_params_list( )
        # node_list = "ros_client.get_node_list( )"
        # topic_list = "ros_client.get_topic_list( )"
        # params_list = "ros_client.get_params_list( )"
        ros_info = {'node_list': node_list, 'topic_list': topic_list, 'params_list': params_list}
        ros_info_json = json.dumps(ros_info)
        core_inst.device_pub_info((bytes(ros_info_json, 'utf-8')))
        time.sleep(loop_times)
    print("Thread out")
    return 0
```

4. 程序设计

图 6-31 展示的是 Rdcs2Ros 组件的主程序流程图，首先读取配置文件，如当前组件采用的端口号、组件元数据信息（具体请参照本书的参考代码），随后创建两个线程，分别用于 ROS 域状态监控以及服务响应线程，具体流程图分别如图 6-32、图 6-33 所示。

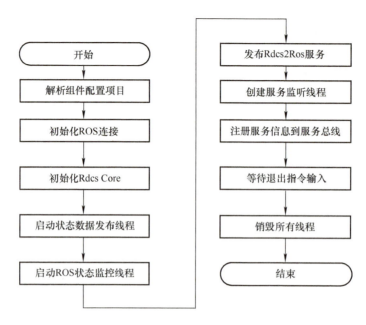

图 6-31 Rdcs2Ros 组件的主程序流程图

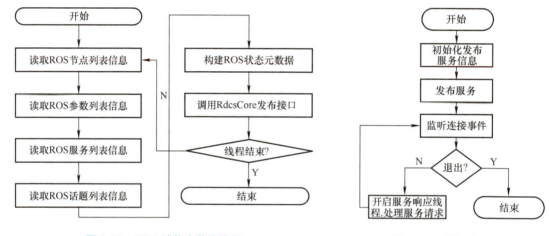

图 6-32 ROS 域状态监控线程　　　　图 6-33 服务响应线程

在 ROS 域状态监控线程中，主要实时监控 ROS 中的话题、参数、服务信息，保存在本地并实时通知服务总线。服务响应线程则是用来维持服务框架运行、监听用户请求并根据请求信息调用相应的服务接口。

5. 部署配置

Rdcs2Ros 的运行依赖 ROS 的 ROS Bridge 组件，首先需要确认 ROS Bridge 是否启动，确认 ROS Bridge 已经启动，则修改 Rdcs2Ros 组件的配置文件，如下所示。配置文件中需要包含 ROS 状态监控的扫描周期、ROS Bridge 组件运行的地址与端口号、当前 Rdcs2Ros 组件发布服务的端口号、Rdcs2Ros 的组件名称、发布服务的地址等信息。

```
[config]
;ros 状态监控线程扫描间隔，单位：秒
loop_times = 1
;rosbrige 节点所在设备的 ip
ros_bridge_ip = 192.168.0.127
;rosbrige 端口号，默认 9090
ros_bridge_port = 9090
;Rdcs2Ros 服务本地端口号
listen_port = 8081
;Ros_RPC 端口
ros_rpc_port = 5353
; 节点控制站名称
NodeName = ROS_Demo_SJTU

[ServerInfo]
; 设备名称
DevName = SJTU_Rdcs2Ros
; 服务链接地址，公网需要访问到
url = http://39.108.251.60:6551
; 服务名称
ServerName = Rdcs2Ros
; 端口号：对应公网 url
port = 6551
; 域空间
targetNamespace = hnu.edu.rdcs2ros
;wsdl, 公网需要访问到
wsdl = http://39.108.251.60:6551?wsdl
; 主版本号
MajorVersion = 1.0
; 次版本号
MinVersion = 1.0
; 0：不需要注册服务总线，1:需要注册服务总线
NeedRegister = 1
```

确认配置无误后，运行 Rdcs2Ros.exe 程序，即可实现当前目标 ROS 域中的资源映射到服务总线。从而扩充 RDCS 中间件的生态。

6.3 组件测试与验证

为了保证机器人中间件的稳定性和可靠性，对生态组件的测试与验证是必不可少的。本小节将介绍如何通过服务总线在线调试工具、SOAP UI 以及编写客户端应用三种方式对一个组件服务进行测试。

6.3.1 基于服务总线的调试工具

中间件服务总线控制系统是一套用于现代工业级机器人场景的面向服务的控制系统，

其功能主要包括服务注册、服务发现、服务编排、机器人元数据规范、机器人元数据管理、DDS 发布订阅传输等，并提供服务监控、拥塞控制、负载均衡、可靠性传输等安全机制。在这里演示一下通过服务总线对"LOG_SERVICE"服务进行调用的过程。

通过浏览器打开服务总线管理界面，如图 6-34 所示。服务总线管理界面的地址需要根据服务总线部署的位置来确定，输入用户名和密码。

图 6-34　中间件服务控制系统

图 6-35 中，在"服务注册查询"→"服务组件注册管理"中可以看到已注册服务的信息。

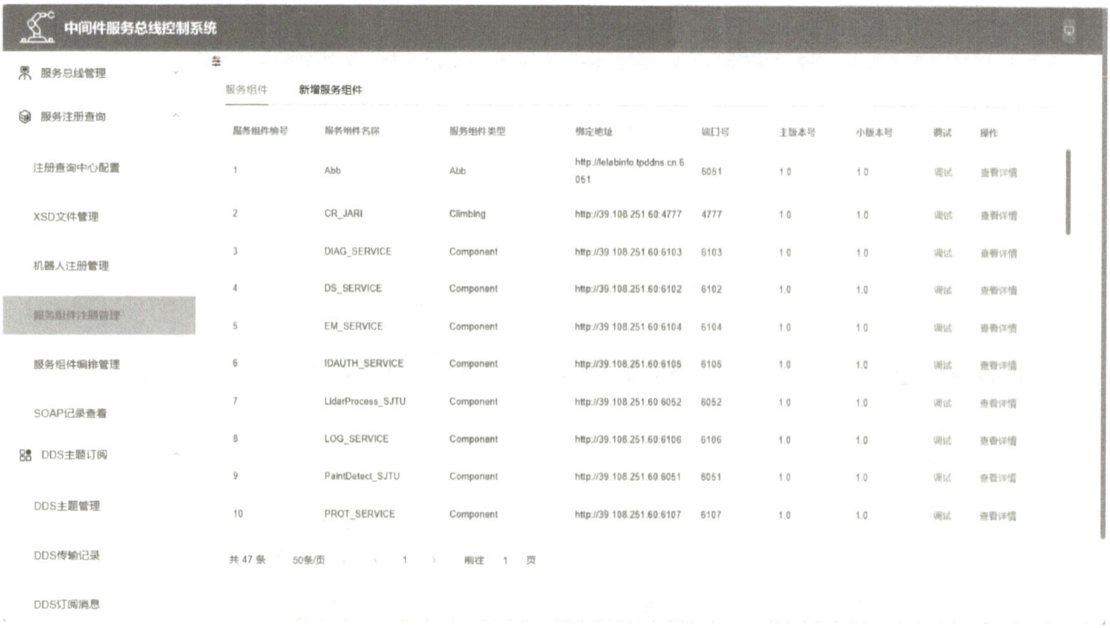

图 6-35　服务组件注册管理

单击调试按钮即可进入服务组件调试界面，如图 6-36 所示。选择期望调试的服务接口，调试组件会自动解析要输入的参数，输入参数，然后单击"提交"按钮，可以完成对服务的访问。

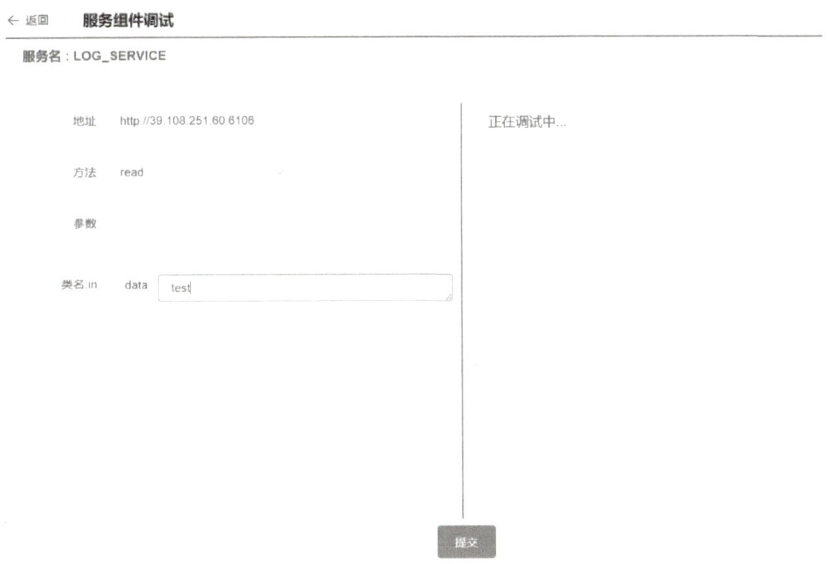

图 6-36　服务组件调试界面

6.3.2　基于客户端的组件服务调用

这里以一个加法服务的调用为例,介绍如何利用 RDCS 开发套件构建客户端应用。具体来说包含如下几个步骤。

1）在图 6-37 所示的 RDCS 服务框架代码生成工具操作界面中,用户首先需要设置所期望访问服务的 WSDL 文件或接口定义文件的路径,接着选择"客户端"单选按钮,最后单击"生成"按钮。生成成功后,会在设置服务接口定义文件或 WSDL 文件的目录下创建一个名为"client_code"的文件夹,其中包含了用于访问目标服务的相应客户端框架代码。

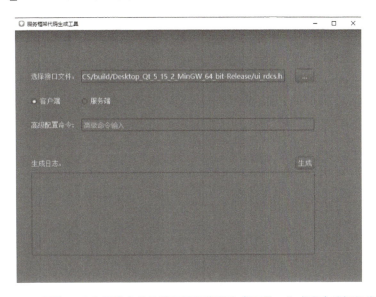

图 6-37　利用 RDCS 开发套件的服务框架代码生成工具,生成客户端框架代码

2）建立客户端工程：以 Windows 下 Visual Studio 2019 为例，创建空项目，项目名为"testClient"，勾选"将解决方案和项目放在同一目录中"复选框，如图 6-38 所示。随后复制 client_code 文件夹中的 soapC.cpp、soapH.h、soapClient.cpp、soapStub.h、stdsoap2.cpp、stdsoap2.h、nsTest.nsmap（此为示例文件，用户可根据实际情况添加服务接口头文件的前缀为名的 .nsmap 文件），新建文件"test_Client.cpp"到项目路径下，客户端工程文件目录如图 6-39 所示。将生成的客户端框架代码逐一整合到基于 Visual Studio 2019 创建的"testClient"项目中，并配置包含目录，以确保在编译时能够正确识别这些代码。

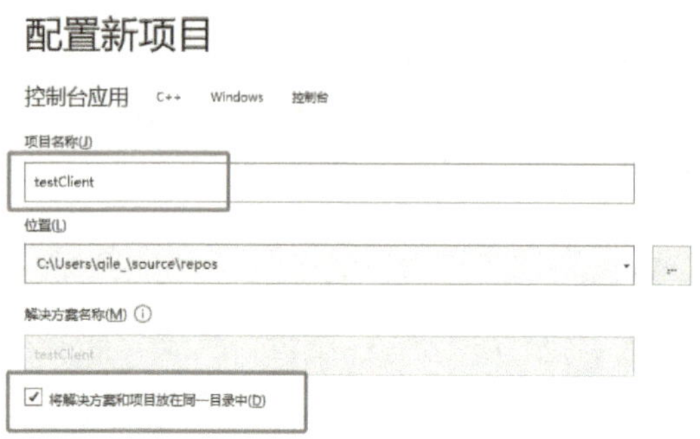

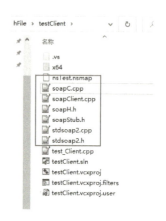

图 6-38 Visual Studio 2019 客户端应用创建界面   图 6-39 客户端工程文件目录

3）编写"test_Client.cpp"，具体代码如图 6-40 所示。需要注意的是：①在该代码中需要引用域定义文件，扩展名为 .nsmap；②在代码中需将 IP 地址和端口号修改为实际服务端的 IP 地址和端口号。随后，可以加载生成的客户端框架代码，并通过客户端框架代码中封装好的接口访问目标服务。当完成服务调用后如果希望结束，还要进行释放操作，避免资源端口的占用，如图 6-41 所示。

图 6-40 客户端服务请求框架代码加载与接口调用

```cpp
if(soap_call_nsTest__getNames(CalculateSoap, server_addr, NULL, ssn, &
response) == SOAP_OK)
    std::cout << "getNames服务调用完成，返回是: " << response.first << "
    " << response.last << std::endl;
else
{
    std::cout << "getNames服务调用失败！" << std::endl;
    soap_print_fault(CalculateSoap, stderr);
}

soap_destroy(CalculateSoap);   此处不能删改
soap_end(CalculateSoap);
soap_done(CalculateSoap);
soap_free(CalculateSoap);

char ch;
std::cin >> ch;

return 0;
}
```

图 6-41　客户端服务请求框架代码资源释放

客户端可调用的函数声明在"soapStub.h"文件末尾，如图 6-42 所示，在"test_Client.cpp"中使用这些函数即可实现服务的调用，完成相应的功能，示例使用了同步调用接口。

```
/*****************************************************\
 *                                                     *
 * Client-Side Call Stub Functions                     *
 *                                                     *
\*****************************************************/
                            同步调用接口
/** Web service synchronous operation 'soap_call_nsTest__add' to the
specified endpoint and SOAP Action header, returns SOAP_OK or error code */
SOAP_FMAC5 int SOAP_FMAC6 soap_call_nsTest__add(struct soap *soap, const
char *soap_endpoint, const char *soap_action, double a, double b, double *c
);
/** Web service asynchronous operation 'soap_send_nsTest__add' to send a
request message to the specified endpoint and SOAP Action header, returns
SOAP_OK or error code */          异步调用接口
SOAP_FMAC5 int SOAP_FMAC6 soap_send_nsTest__add(struct soap *soap, const
char *soap_endpoint, const char *soap_action, double a, double b);
/** Web service asynchronous operation 'soap_recv_nsTest__add' to receive
a response message from the connected endpoint, returns SOAP_OK or error
code */
SOAP_FMAC5 int SOAP_FMAC6 soap_recv_nsTest__add(struct soap *soap, double *
c);

/** Web service synchronous operation 'soap_call_nsTest__hello' to the
specified endpoint and SOAP Action header, returns SOAP_OK or error code */
SOAP_FMAC5 int SOAP_FMAC6 soap_call_nsTest__hello(struct soap *soap, const
char *soap_endpoint, const char *soap_action, const std::string& name, std
::string *greeting);
```

图 6-42　客户端"soapStub.h"中函数的声明

4）编写好客户端的逻辑后，编译生成可执行文件，保持 RDCS 已成功导入设备的条件下运行客户端即可调用服务。此处注意客户端工程中服务端的 IP 地址与实际运行服务的 RDCS 所在 IP 地址是否匹配。

客户端只能得到服务接口中指定传回的参数，而底层函数和服务端中输出打印的信息是不会在运行客户端的控制台中显示的，服务端输出打印的信息会在 RDCS 主界面旁的黑框控制台中显示。

6.3.3　基于 SOAP UI 的组件服务调用

SOAP UI 是一款流行的开源测试工具，它允许用户通过 SOAP 和 HTTP 协议来验证、调用和执行 Web 服务的各种测试。该工具能够根据 WSDL（Web 服务描述语言）文件自动生成 SOAP 消息模板，用户只需手动输入必要的参数，即可轻松进行性能测试。下面将介绍如何通过 SOAP UI 这一第三方工具对一个组件服务进行测试验证。

1）首先打开 SOAP UI 界面，如图 6-43 所示。

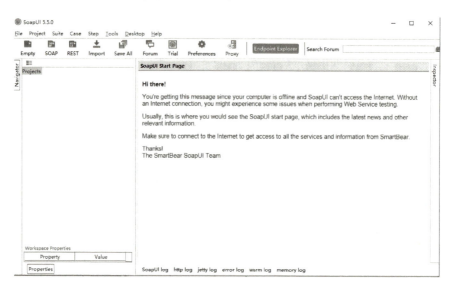

图 6-43　SOAP UI 界面

2）添加接口，如图 6-44 所示。单击"SOAP"按钮来新建一个 SOAP 协议接口，将目标服务的 WSDL 地址输到初始化 WSDL 中，然后单击"OK"按钮。SOAP UI 开始读取 WSDL 中信息，并解析提供参数接口形式。

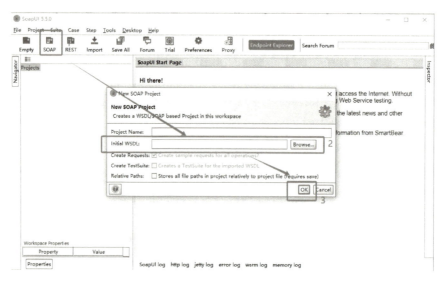

图 6-44　基于 WSDL 新建一个 SOAP 接口调试

3）执行接口，如图 6-45 所示。在上一步单击"OK"按钮后，界面左侧会出现要调用的接口，展开项目树后双击要调用的接口，即可打开右侧界面。修改请求参数体的消息，然后单击三角按钮执行，即可获得响应消息。

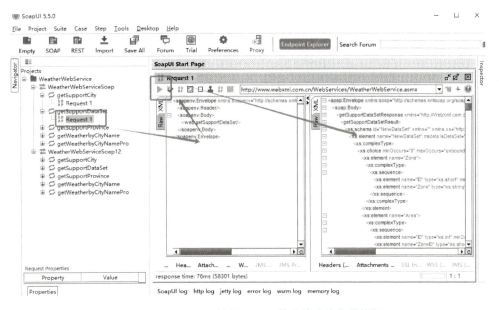

图 6-45　SOAP UI 基于 WSDL 构建请求消息并执行

6.4　本章习题

1. 选择一个具体的应用场景（如自动化焊接、目标识别等），设计一个生态组件。
2. 使用服务总线调试工具、SOAP UI 或客户端应用进行服务测试。

第 7 章 机器人云边端协同开发技术

本章将探讨工业机器人分布式应用中云端服务设计、云端服务实现以及云边端协同的应用场景和技术要求。云边端协同是一种结合云计算、边缘计算和终端设备计算能力的分布式计算模式。该计算模式通过将需要较大存储资源和算力资源的复杂计算和数据保存、处理、分配到具备强大计算和存储能力的云端，将数据预处理和低延时计算的任务分配到边缘设备，以及将数据感知和显示分配到终端设备，来实现云、边、端三方的协同处理。云边端协同可以实现计算的高性能和大规模数据处理任务，降低数据传输延迟和带宽消耗，有效应对工业应用的实时性需要，保障数据隐私和安全性。云边端协同服务需要根据具体应用场景进行评估，如智能制造、自动驾驶等，确定计算性能需求和延迟容忍度，合理分配计算任务。

本章将探讨云端服务编排的技术要求和实现方法。在云端环境中，将部署在云端的各类独立的服务，按照业务流程，通过服务编排的方式实现复杂的业务功能。介绍服务编排时不同类型参数的具体实现方式，包括简单参数、数组和对象参数等，并讨论服务之间的数据流和依赖关系。通过规范化的服务编排流程，系统不仅保证了各个云端服务的高效协同工作，还提升了系统的灵活性和可扩展性。还将探讨基于拖拽的可视化服务编排实现方法，利用动态编译技术和节点连接的模型，实现业务流程的原子服务组合。

最后是对云边端协同在工业机器人领域的应用场景和实现技术的分析。云边端协同通过综合利用云计算和边缘计算，实现高效的数据处理、低延迟的实时控制和智能化的生产管理。具体地，介绍了冲压产线监控、视觉抓取任务和 AGV 搬运任务等应用场景的技术实现方法。服务总线作为中间件技术，为云边端系统的协同应用提供了可靠的基础支持，实现了消息的灵活分发和数据的兼容性处理。通过综合运用这些方法和技术，工业机器人系统在云端服务中能够实现高效、灵活和可靠的运行，从而提升了整个生产系统的效率、可靠性和竞争力。

7.1 云端服务设计和开发

本节将探讨云边端协同服务的设计和开发方法。在开始云端服务设计前，首先要明确应用场景、评估需求和合理划分功能模块。其次，在云端服务技术实现方面，根据第 4 章介绍的传统 SOAP 协议和简化 RSOAP 协议，展开具体服务开发技术的介绍。这些标准化的接口和协议，以及针对工业机器人分布式应用特点简化后的协议，既确保了服务之间的高效通信和协作,为系统的协调运行奠定了基础,又保障了服务之间通信的效率,提升了性能和实时性。同时,通过引入负载均衡器和冗余设计,系统能够有效应对高负载和突发情况,保证了系统的高可用性和数据的持久性。此外,考虑到工业机器人现场的传感器、控制器的多样性,严格遵循工业机器人中间件的标准和规范,并提供开放的 API 接口,使得系统能够与外部应用程序、设备和服务无缝集成,为企业提供了更广泛的应用和拓展空间。这些方法和技术的综合应用,使得工业机器人系统在云端服务中能够实现高效、灵活和可靠的运行,进而提升了整个生产系统的效率、可靠性和竞争力。

7.1.1 云端服务设计方法

云边端协同服务是一种先进的分布式计算模式,它巧妙地结合了云计算、边缘计算和终端设备的计算能力,如图 7-1 所示。通过这种协同模式,计算和数据处理任务可以根据具体需求合理地分配到云端、边缘设备和终端设备上,从而实现资源的优化利用。

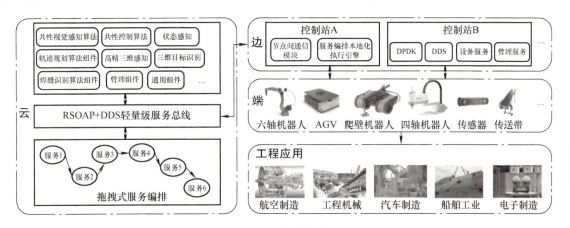

图 7-1 云边端协同框架

作为目前流行的云计算技术,云边端协同框架在云端充分利用云计算的灵活可配置的计算和存储能力,实现海量数据的有效处理和复杂计算任务的顺利实施。云端通常用于执行需要高性能计算资源和大规模数据处理的任务,如机器学习模型的训练、大数据分析和全球范围的内容分发等。由于云计算技术的特点,云端拥有高度可扩展的基础设施,它可以灵活应对各种动态变化的工作负载需求。

边缘计算则将计算资源下沉到靠近数据源的位置,通常是在网络边缘的节点上进行数据处理和分析。边缘设备包括工业现场的工作站、各类网络设备等。边缘计算的主要优势在于它能够显著降低数据传输的延迟,并减少带宽消耗,这对于实时应用尤为重要,如智能制造、自动驾驶和物联网设备的数据处理等。通过在边缘设备上进行初步数据处理,可以有效地减轻云端的负担,并提高整体系统的响应速度和效率。

终端设备计算是指在用户设备(如智能手机、平板电脑、传感器和智能家居设备等)上进行数据处理和计算。随着终端设备计算能力的不断提升,越来越多的应用可以直接在设备本地完成计算任务,从而进一步降低延迟,并提高数据隐私和安全性。例如,智能手机中的图像处理应用、AR/VR 应用和语音识别等都可以利用终端设备的计算能力进行实时处理。

在智能制造领域，云边端协同服务可以用于监控和优化生产流程，实现设备预测性维护和质量控制。实时数据采集和处理有助于提高生产效率和产品质量。

1. 需求评估

确定了应用场景后，需要对每个场景的具体需求进行详细评估。

（1）计算性能评估

评估应用场景对于计算性能的需求，确定哪些任务需要高性能计算资源，哪些任务可以分布在边缘或终端设备上完成。例如，复杂的机器学习模型训练可能需要在云端进行，而实时数据处理和响应可以在边缘或终端设备上完成。

（2）延迟容忍度评估

不同应用对于延迟的容忍度不同。需要评估每个应用场景的延迟敏感性，确定哪些任务必须在低延迟环境下执行，以保证系统的实时性和响应速度。例如，自动驾驶和工业机器人控制等应用对延迟极为敏感。

（3）数据处理需求评估

评估数据处理需求，包括数据量、数据类型和数据处理的复杂度。同时需要分析数据处理和过滤的规则，以便决定哪些数据需要在边缘进行初步处理和过滤，哪些数据需要传输到云端进行深度分析和存储。例如，视频监控系统需要在边缘设备上进行实时视频分析，而原始视频数据可以定期上传到云端存档。

（4）计算资源评估

计算资源包括 CPU、GPU、内存和存储等。需要根据具体任务要求，分析这类计算资源的需求，再根据需求合理分配计算资源至云、边和端，确保各个层级的设备都有足够的计算能力来处理分配的任务。例如，物联网传感器数据可以在终端设备上进行简单处理和压缩，然后传输到边缘设备或云端进行进一步分析。

2. 功能模块划分

在功能模块上，主要可以分为数据管理模块、计算任务分配模块、通信模块和安全模块。

数据管理模块负责整个系统的数据生命周期管理，涵盖从数据采集、传输、存储和处理的全部环节。首先，在数据采集方面，终端设备从环境中收集原始数据，这些数据可能包括温度、湿度、位置信息、视频流等，并确保数据能够实时或准实时地从终端设备传输到边缘节点，以便进行及时处理和响应。在数据传输方面，终端设备将采集到的数据传输到最近的边缘节点，使用高效的通信协议以确保低延迟和高可靠性。边缘节点在进行初步处理后，将必要的数据传输到云端进行进一步分析和长期存储，采用批量传输或流式传输方式。

在数据存储方面，云端负责大规模数据的存储，采用分布式存储系统来管理海量数据，而边缘节点使用本地缓存存储频繁访问的数据，减少数据传输量，提高系统响应速度。在数据处理方面，边缘节点对数据进行初步处理和分析，提取有用信息，进行数据过滤、聚合和本地决策，而云端则进行复杂的数据分析和计算任务，如大数据分析、机器学习模型训练等，提供全局视图和决策支持。

计算任务分配模块负责根据系统资源和任务需求，合理分配计算任务到云、边缘和终端设备上，以优化资源利用和提高系统性能。在资源评估方面，实时监控云端、边缘节点和终端设备的计算资源使用情况，包括 CPU、GPU、内存和存储等，评估每个计算任务的资源需求、时间要求和优先级，确保任务能够在合适的设备上执行。在任务分配策略方面，将需要大量计算资源和存储空间的复杂任务分配到云端执行，将需要快速响应和低延迟的实时任务分配到边缘节点执行，而将需要直接用户交互和设备控制的任务分配到终端设备执行。

通信模块负责设计和实现可靠、高效的通信机制，确保各层之间的数据传输和任务协调顺畅。在通信协议方面，采用低延迟、高效的通信协议来实现终端、边缘和云端之间的数据传输，并确保数据传输的可靠性，使用 TCP/IP、QUIC 等协议，保障数据的准确传递和完整性。在网络架构方面，根据应用场景设计分层网络架构，确保不同层之间的通信路径最优化，减少传输延迟，同时优化边缘节点和终端设备之间的网络连接，提高本地通信效率，减少对云端的依赖。

安全模块确保数据在传输和处理过程中的安全性，维护用户私密性，抵制信息泄露及未授权访问的风险。在数据加密方面，传输过程中使用 TLS/SSL 等加密技术，确保数据在网络传输中的安全性，并在云端和边缘节点存储数据时使用加密技术，保护存储数据的安全。在访问控制方面，采用强身份验证机制，确保只有授权用户和设备能够访问系统资源，使用细粒度的权限管理策略，控制不同用户和设备对数据和功能的访问权限。在隐私保护方面，对敏感数据进行匿名化处理，确保用户隐私在数据分析和处理过程中得到保护，并制定和遵守严格的隐私政策，确保系统的设计和运营符合相关法律法规和行业标准。

3. 协同机制设计

任务调度是云边端协同服务的核心功能之一，其目标是根据系统的实时负载和资源情况，动态调整任务的分配，以实现资源的最佳利用。

系统需要连续监控各个计算节点的动态负载情况，包括 CPU、内存、网络带宽等资源的使用情况，以便实时了解各节点的资源利用状态。在实时了解各节点资源状态的基础上，根据任务的紧急程度和重要性，设定不同的优先级，分配资源。根据实时监控的数据和任务优先级，动态调整任务的分配。任务可以在云端、边缘节点和终端设备之间灵活调度，以平衡各层的负载。通过智能调度算法，实现资源的高效利用，避免资源的过度使用或浪费。

负载均衡机制旨在确保系统中各计算节点的负载均衡，防止某些节点资源过载或闲置，从而提高整体系统的性能和稳定性。在云端，为了实现计算资源的均衡负载，需要协调多个部署了同样运行程序的服务器处理请求的数量，目的是保障每个服务器处理请求的数量不超过其处理能力，避免出现过载导致的服务器资源耗尽等现象，影响系统的可靠性和稳定性。

容错机制是保证系统可靠性和稳定性的关键，旨在设计故障检测和恢复机制，使系统能够在发生故障时快速恢复，保持正常运行。系统需要具备实时故障检测能力，通过监控各节点的运行状态，及时发现和识别故障。可以使用心跳机制、日志分析和异常检测算法等方法来实现故障检测。在检测到故障后，系统应能够自动触发恢复机制，重新分配故障节点的任务到其他健康节点，确保任务不受影响。自动恢复机制需要快速响应，尽量减少故障对系统的影响。

通过冗余设计，确保系统的高可用性。例如，可以在关键节点和服务上配置冗余备份，当主节点发生故障时，备份节点可以立即接管工作。为了防止数据丢失，系统应实施数据备份和恢复机制，定期备份重要数据，并在发生数据损坏或丢失时，能够快速恢复数据。

通过设计和实现有效的协同机制，包括任务调度、负载均衡和容错机制，可以确保云边端协同服务系统的高效性、可靠性和稳定性。各机制相互配合，使系统能够在复杂和动态的环境中保持最佳性能，满足各种应用场景的需求。

7.1.2 云端服务技术实现

云端服务技术实现，从开发技术的角度，包括传统 WebService、REST（Representational State Transfer）接口，以及前面第 4 章介绍的 RSOAP 等。从部署和调用方式的角度，可分为端到端的方式和采用服务总线的方式。

传统的 WebService 接口，前面已经介绍了，它采用 SOAP 协议，由于 SOAP 协议基于 XML，其消息格式比较冗余，传输效率较低。因此建议采用第 4 章介绍的 RSOAP，即简化版的 SOAP 协议，减少数据传输的量，提高数据传输效率，降低延迟。RSOAP 的代理机制，可以确保其与传统 WebService 的兼容性。

业界也有人认为采用 REST 风格接口的架构，应该称为面向资源架构（Resource Oriented Architecture，ROA），而不是 SOA。但是其实这种说法是一种误解，REST 接口也应该视为服务的一种实现技术。原因是 REST 也是基于 HTTP，利用 HTTP 方法（如 GET、POST、PUT、DELETE 等）进行资源的操作，因此 REST 仅仅是将接口处理的对象视同为 HTTP 的资源。RESTful 的接口，可以采用 XML 格式或 JSON 格式表示数据，但是出于效率考虑，大部分情况下采用 JSON（JavaScript Object Notation，JavaScript 对象表示法）格式处理。JSON 比 XML 更小、更快，更易解析。第 4 章已经给出了 SOAP 和 RSOAP 技术实现的例子，这里不再赘述。下面给出一个 REST 接口，用于返回焊接机器人状态，接口实例如下。

```
@RestController
@RequestMapping("/robot")
public class RobotStatusController {
    @GetMapping("/status")
    public ResponseEntity<String> getRobotStatus( ) {
        try {
            // 您的机器人状态监测数据对象
            RobotStatusData robotStatusData = new RobotStatusData( );
            robotStatusData.setRobot_id("R002");
            robotStatusData.setRobot_type(" 焊接机器人 ");
            Location location = new Location( );
            location.setLatitude(30.12345);
            location.setLongitude(-120.65432);
            robotStatusData.setLocation(location);
            robotStatusData.setCurrent_activity(" 正在进行焊接作业 ");
            robotStatusData.setPower_status("on");
```

```java
            robotStatusData.setOperating_temperature(35);
            JointPosition jointPosition1 = new JointPosition( );
            jointPosition1.setJoint_number(1);
            jointPosition1.setPosition(45);
            JointPosition jointPosition2 = new JointPosition( );
            jointPosition2.setJoint_number(2);
            jointPosition2.setPosition(90);
            JointPosition jointPosition3 = new JointPosition( );
            jointPosition3.setJoint_number(3);
            jointPosition3.setPosition(30);
            robotStatusData.setJoint_positions(new JointPosition[] { jointPosition1, jointPosition2, jointPosition3 });
            robotStatusData.setLoad(70);
            robotStatusData.setMaintenance_required(false);
            ObjectMapper objectMapper = new ObjectMapper( );
            String jsonData = objectMapper.writeValueAsString(robotStatusData);
            return new ResponseEntity<>(jsonData, HttpStatus.OK);
        } catch (Exception e) {
            return new ResponseEntity<>("Error occurred while fetching robot status", HttpStatus.INTERNAL_SERVER_ERROR);
        }
    }
......
```

下面为返回焊接机器人状态的一个 JSON 实例。

```
{
 "robot_id": "R002",
 "robot_type": " 焊接机器人 ",
 "location": {
  "latitude": 30.12345,
  "longitude": -120.65432
 },
 "current_activity": " 正在进行焊接作业 ",
 "power_status": "on",
 "operating_temperature": 35,
 "joint_positions": [
  {
   "joint_number": 1,
   "position": 45
  },
  {
   "joint_number": 2,
   "position": 90
  },
  {
```

```
      "joint_number": 3,
      "position": 30
    }
  ],
  "load": 70,
  "maintenance_required": false
}
```

可以看到，其数据格式与 XML 相比简化了很多，因此其传输效率也比较高，更适合于工业机器人分布式应用。

7.2 云端服务编排

本节介绍了云端服务编排的技术要求和实现方法。在云端环境中，服务编排是通过将多个独立的服务组合在一起，以实现复杂的业务流程。为了实现高效的服务编排，云端服务需要满足一系列参数和流程要求。针对参数要求，介绍了简单参数、数组和对象参数的使用方法，并举例说明了它们在服务编排中的应用场景。而在流程要求方面，需要确认业务流程中所需的各个云端服务，然后为每个服务填入所需的参数，最后按照业务流程的执行顺序将各个服务节点连接起来，确保服务之间的数据流和依赖关系正确处理。通过这种规范化的服务编排流程，不仅确保了各个云端服务的高效协同工作，还显著提升了系统的灵活性和可扩展性。在介绍了云端服务编排的技术要求之后，本章还探讨了一种基于拖拽的可视化服务编排实现方法。该方法利用动态编译技术和节点连接的模型，实现了工业机器人应用场景的业务流程原子服务组合。

7.2.1 云端服务编排的技术要求

在云端环境中，服务编排是指通过将多个独立的服务组合在一起，以实现复杂的业务流程。为了实现高效的服务编排，云端服务需要满足一系列参数和流程要求。对不同参数都提供了支持，包括简单参数、数组、对象。

1. 简单参数

简单参数通常是基本数据类型，如整数、浮点数、字符串、布尔值等。用于传递简单且明确的信息，如用户 ID、服务类型、布尔标志等。

示例：

整数：user_id = 12345

字符串：service_type = "data_processing"

布尔值：is_active = true

2. 数组

数组是一种参数形式，用于存储一组相同类型的元素，如整数数组、字符串数组等。适用于需要传递多项相同类型数据的场景，如一组用户 ID、多个文件路径等。

示例：

整数数组：user_ids = [123, 456, 789]

字符串数组：file_paths = ["/path/to/file1", "/path/to/file2"]

3. 对象

对象是一种复杂参数形式，可以包含多个字段，每个字段可以是不同的数据类型，甚至可以是嵌套对象。用于传递结构化数据，如用户信息、订单详情等。

示例：

用户对象：user = {"id": 12345, "name": "John Doe", "email": "john@example.com"}

订单对象：order = {"order_id": 98765, "items": [{"item_id": 1, "quantity": 2}, {"item_id": 2, "quantity": 1}]}

在服务编排的流程要求方面，首先确认业务流程中所需的各个云端服务，这些服务可能包括数据处理、存储和计算等各种功能模块。然后为每个选定的服务填入所需的参数（简单参数、数组或对象），并根据服务的具体需求和功能特点进行配置。参数填入后，按照业务流程的执行顺序将各个服务节点连接起来，确保服务之间的数据流和依赖关系能够正确处理。通过这种方式，可以清晰地定义服务之间的调用顺序和数据传递路径，从而实现整个业务流程的自动化和高效管理。

具体步骤如下：

1）选择需要的服务。如图 7-2 所示，确定业务流程中需要使用的各个云端服务。这些服务可能包括数据处理服务、存储服务、计算服务等。

2）填入参数。如图 7-3 所示，为每个选定的服务填入所需的参数。根据服务的具体需求，参数可以是简单参数、数组或对象。

图 7-2　服务编排页面服务选择对话框　　图 7-3　服务编排过程中服务参数设置

3）连接节点。按照业务流程的执行顺序，将各个服务节点连接起来。确定各个服务的依赖关系和执行顺序，需要确定哪些服务需要先于其他服务执行。例如，工业机器人使能服务可能依赖于机器人连接服务。明确每个服务的执行顺序，确保业务流程的逻辑性和一致性。有些任务可以并行执行以提高效率，而有些任务必须串行执行以确保数据的完整性和一致性。

这种规范化的服务编排流程不仅确保了各个云端服务的高效协同工作，还显著提升了系统的灵活性和可扩展性。

7.2.2 云端服务编排的实现方法

服务编排是服务总线具备的一个重要特性，它能将已经注册在总线上的原子服务根据逻辑关系组合进行，形成一个组合服务。在工业场景下，不同的逻辑关系形成的不同组合服务则代表不同的工业工序。拥有完善的原子服务体系后，许多机器人工业场景便可以通过简单组合原子服务实现业务流程，这将大大减少工业机器人业务开发人员编程的工作量。针对服务编排中各个服务动态信息的传递，需要使用动态编译技术，为进一步减少编程工作量，项目提出基于节点连接的可视化服务编排，以"零代码"方式实现工业机器人应用场景的业务流程原子服务组合。

在服务编排中，关于服务调用的具体细节（如参数、服务名等）往往是不确定的，这些信息依据所编排流程的动态性而变化，为此，课题采用动态编译技术以增强服务编排的适应性。传统上的编译优化策略着眼于利用程序的静态属性（那些在编译阶段即可明确的信息）来进行性能优化。相比之下，动态编译，亦称为执行期编译，则是一种发生在程序执行期间的代码改编过程，它能依据运行时获得的新信息，对程序执行更加全面的优化处理，进而拓宽优化的边界，产出效能更佳的代码。

当前动态编译技术的研究焦点主要分布于三个维度：

1）运行时特化：借助运行时确定的常量值，对程序代码实施特化处理，并在此基础上实施多种优化操作，如常量传播与循环展开等。

2）即时（JIT）编译技术：这一方向特别关注于 Java 程序，通过在运行时刻执行编译，并依据性能剖析（Profiling）搜集的实时反馈信息，实施自适应的优化策略。

3）动态二进制代码转换与优化：此策略涉及将原本为某一硬件架构设计的目标代码，在无须重新编译的情况下，直接转换并优化以适应另一不同的硬件平台。

在此案例中，采用的是基于 Java 技术框架的解决方案，具体实施了即时编译策略。

采用 Java 中 javax.tools.ToolProvider 提供的 API 来动态编译。具体的使用方式如下：

1）基于需要动态编译的源代码构建 Java 类，类的源代码存储在普通的字符串中。

2）利用编译器 API 实现对源代码的动态编译。其中源代码直接来自上述字符串，编译产生的字节代码保存在字节数组中。整个过程不涉及源代码文件和字节代码文件的创建。

3）使用自定义类装载器装入字节代码、产生 Class 对象。类装载器直接从字节数组读取字节代码。由于 Java 不支持类的重新装载，也不允许已装载类的卸载，所以每次计算表达式都需要新建一个类装载器实例。

4）利用反射机制获取类的对象，得到动态编译类的对象。

7.2.3 基于节点连线的可视化编排

基于节点连线的可视化服务编排模型，以"零代码"方式实现工业机器人应用场景的业务流程原子服务组合，进一步降低工业机器人应用程序开发的难度。在这种模型中，节点分为服务节点和逻辑节点，服务节点表示原子服务，逻辑节点表示处理逻辑关系的节点。连线表示服务之间的处理顺序。

可视化服务编排示例如图 7-4 所示，该图实现了一个机器人焊接业务流程，自上而下是连接机器人 --> 使能机器人 --> 机器人移动到焊接起始点位 --> 进行焊缝扫描 --> 机器人根据焊缝路径进行焊接操作。

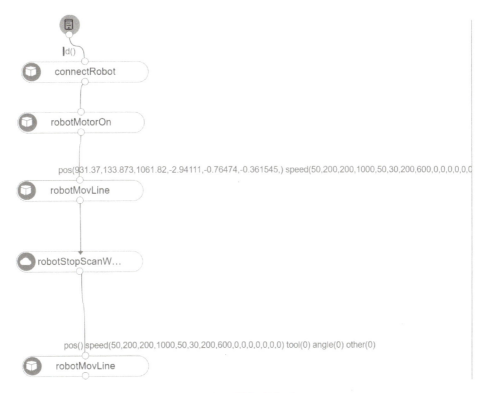

图 7-4　可视化服务编排示例

通过可视化服务编排方式，利用连线组合节点，使得工业机器人业务流程的开发变得十分简单。这种方式大大降低了工业机器人应用开发人员的专业门槛，使得即使是非专业的开发人员也能轻松创建和管理复杂的机器人操作流程。通过直观的拖拽和连线操作，开发人员可以将不同功能的节点组合在一起，形成完整的业务流程。可视化编排工具以"零代码"的方式实现，开发人员无须编写复杂的代码即可设计和实现机器人动作流程。通过预定义的节点和模块，开发人员可以快速配置机器人的动作序列、数据处理逻辑以及各种业务规则。这不仅缩短了开发周期，还大幅减少了开发工作量，使得项目能够更快地从概念阶段转入生产阶段。

此外，利用可视化服务编排方式还增加了应用开发的灵活性。当业务场景发生变化时，开发人员可以通过简单地调整和重新组合原子服务，快速适应新的需求。例如，当生产线需要更换产品或调整工艺流程时，只需在可视化界面上重新排列节点和连线，就能实现新的业务逻辑，而不需要从头编写代码。

通过可视化编排，工业机器人产线能够快速适应变化，迅速投入新的生产业务。例如，在面对市场需求的变化时，企业可以快速调整生产线，切换到新产品的生产，大幅提升了生产的灵活性和响应速度。可视化服务编排工具的使用，使得企业能够更有效地利用工业机器人实现高效、灵活的自动化生产。

7.3 云边端集成

本节分析了云边端协同在工业机器人领域的应用场景，以及实现这些场景的技术要求和方法。云边端协同通过综合利用云计算和边缘计算，能够实现高效的数据处理、低延迟的实时控制和智能化的生产管理。

针对不同任务和场景，云边端协同应用有着具体的技术实现方法。在冲压产线监控中，边缘节点负责实时采集并处理传感器数据，云端则进行长期数据存储和大数据分析。在视觉抓取任务中，边缘节点负责实时处理图像数据，云端进行复杂图像分析算法的训练。而在 AGV 搬运任务中，边缘节点负责本地路径规划和导航，云端进行全局地图更新和复杂路径规划算法的训练。

云边端协同的实现离不开服务总线的功能。服务总线作为中间件技术，负责可靠的消息传递、集成和协调服务。边缘设备通过服务总线接收数据并进行预处理，云端则负责数据的深度分析和长期存储。通过定义好的路由规则和消息格式转换机制，服务总线实现了消息的灵活分发和数据的兼容性处理，为云边端系统的协同应用提供了可靠的基础支持。

7.3.1 云边端协同的应用场景分析

云边端协同在工业机器人领域的应用场景中展现出显著的优势，通过综合利用云计算和边缘计算，实现高效的数据处理、低延迟的实时控制和智能化的生产管理。这个协同体系能够充分发挥各自的优势，提供全面的解决方案，以应对复杂的工业需求。

在制造过程中，工业机器人需要根据生产计划和实时情况进行任务调度和优化。边缘计算节点部署在靠近生产现场的位置，可以本地执行生产调度算法，快速响应生产环境的变化。通过这种方式，边缘计算能够以极低的延迟进行数据处理和决策，优化机器人工作路径和任务分配，从而提高生产效率。例如，当一个生产线出现瓶颈或故障时，边缘节点能够即时重新分配任务，调整机器人路径，避免生产停滞，保证生产线的连续运行。

云端则提供了更强大的计算能力和全局视角，用于进行全局生产计划的优化和调整。通过对来自不同生产线、车间的数据进行大规模分析和处理，云端系统可以根据市场需求和库存情况动态调整生产策略，支持柔性制造。柔性制造指的是生产系统能够灵活适应不同产品和生产条件的变化，云端通过大数据分析和机器学习算法，预测市场需求，优化库存管理，指导边缘节点的生产任务，确保资源的最优配置和使用。

1. 冲压产线监控

冲压产线需要对冲压机、机器人和传送系统进行实时监控，以确保生产过程的顺利进行。在这种工业环境中，边缘计算节点起着关键作用，实时采集并处理来自机器人和冲压机的传感器数据，如压力、温度和振动等。这些数据对于确保设备正常运行至关重要。

边缘节点能够立即响应检测到的异常情况。例如，当检测到冲压机压力过高或温度异常时，边缘节点可以自动触发保护机制，如紧急停机或调整参数，以防止设备损坏或安全事故的发生。这种实时的本地响应能力，大幅提升了生产线的稳定性和可靠性，同时减少了因设备故障引起的生产中断和损失。

在数据的长期管理和分析方面，云端扮演着重要角色。云端负责将边缘节点传输的实时数据进行长期存储，并利用大数据分析技术，分析历史数据趋势和模式。通过机器学习模型，云端能够预测潜在的设备故障和性能下降，及时制定预防性维护计划。这种预测性维护不仅能有效缩减设备突发性停机时长，同时还能削减维护开支并促进生产效率的提升。

冲压产线的实时监控结合了边缘计算和云计算的优势。边缘节点通过实时数据处理和本地响应，确保了生产过程的稳定性和安全性；而云端则利用大数据分析和机器学习，为设备的预测性维护提供了强大支持。这种协同工作模式不仅提升了生产线的整体效率和可靠性，还为工业企业在竞争激烈的市场中保持领先地位提供了关键的技术支持。

2. 视觉抓取任务

在视觉抓取任务中，边缘节点和云端的协同作用发挥了重要作用，以确保高效的物料识别、定位和抓取过程。

边缘节点位于接近物料处理现场的位置，负责本地处理来自相机和传感器的实时图像数据。这些数据包括物料的视觉特征，如形状、颜色和位置信息。边缘计算的低延迟特性确保了快速响应和精准抓取能力。边缘节点通过物料识别算法和姿态估计技术，能够即时判断物料的位置和方向，为后续抓取操作提供精确的指导。边缘节点在实时生产环境中动态调整抓取策略。例如，当物料位置发生变化或出现遮挡时，边缘节点能够快速响应，调整机器人的抓取路径和动作，确保成功抓取物料并将其准确地传送至指定位置。

云端则承担了大规模数据存储和复杂图像分析算法的训练任务。通过汇总来自多个边缘节点的数据，云端可以进行全局性的分析和优化。云端利用这些数据来不断改进视觉识别算法，并训练更新的模型。一旦新模型完成训练，云端将其下发至各个边缘节点，以提升物料识别的准确性和抓取的成功率。

此外，云端还负责全局优化和策略调整。根据生产计划、库存情况以及历史数据分析，云端可以实时调整边缘节点的抓取任务。例如，根据当前的生产需求和市场变化，云端可以动态调整抓取优先级和机器人的工作安排，以最大化生产效率并确保库存管理的准确性。

云边端协同在视觉抓取任务中展现出了显著的优势。边缘节点通过本地处理和快速响应，确保了实时性和精准性，适应了动态变化的生产环境。同时，云端通过数据的集中管理和深度分析，提供了持续优化和高级决策支持，使得整个系统能够智能、高效地运作。这种协同模式特别适用于需要灵活应对生产变化和高精度操作要求的制造业环境，如电子产品组装、汽车零部件生产等。通过结合边缘计算的实时性和云端计算的智能优化能力，企业能够实现更高的生产效率、更低的操作成本，提升整体竞争力。

3. AGV 搬运任务

AGV 在工厂内扮演着重要角色，负责物料和成品的高效搬运任务，需要在不同工作站之间快速、精确地运输货物。

边缘节点位于工厂内部，承担了关键的实时处理任务。它负责本地的路径规划和导航,通过实时处理 AGV 的传感器数据,如激光雷达和摄像头信息,确保 AGV 能够安全避障并按照最优路径行驶。边缘节点的低延迟处理保证了 AGV 能够实时响应,从而保障了运输过程中的安全性和效率。

云端则扮演了全局优化和智能调度的角色。它负责更新全局地图和训练复杂的路径规划算法。通过整合多台 AGV 的运行数据,云端优化导航算法和路径规划策略,并将优化结果反馈至边缘节点。这种协同工作模式提高了 AGV 的整体调度效率和运行稳定性。

边缘节点根据实时生产需求和 AGV 的当前位置,动态调整搬运任务。例如,当工作站需求变化或 AGV 遇到临时障碍时,边缘节点能够即时调整 AGV 的路径和任务,确保物料和成品能够及时运输,最大程度减少生产等待时间。

云端通过全局调度和任务分配,基于生产计划、库存水平和 AGV 的状态进行智能调度。它能够优化 AGV 资源的利用效率,确保每个 AGV 都在最佳状态下运行,从而最大化生产效率并降低操作成本。

云端不断分析和优化 AGV 运行数据,改进路径规划和导航算法。这种持续优化能够适应工厂环境中复杂多变的生产需求,提升系统的整体鲁棒性和适应性。

AGV 在工厂内通过边缘节点和云端的协同工作,实现了高效的搬运任务和智能化的生产调度。这种技术架构不仅提升了生产线的自动化水平,还有效提高了生产效率和资源利用率,为现代制造业注入了新的动力和竞争优势。

7.3.2　云边端协同的技术实现

服务总线是一种重要的中间件技术,专门用于提供可靠的消息传递、服务集成和协调功能。它在分布式系统中扮演着连接各个组件的关键角色,使得不同的系统能够跨平台、跨语言、跨网络互相通信和协同工作。

在云边端协同的场景中,服务总线的作用尤为突出。这种协同体系通常包含两个关键部分:边缘设备和云端。边缘设备位于物理世界中,靠近数据产生的地方,如工厂车间的传感器、工业机器人等。这些边缘设备通过本地处理和数据采集,能够实时响应和处理现场事件。云端则位于远程的数据中心或云服务提供商的服务器上,具备强大的计算和存储能力。云端负责大规模数据的存储、分析和处理,可以利用机器学习和深度学习等高级技术进行数据挖掘和预测分析。

服务总线允许边缘设备和云端之间通过统一的消息传递机制进行通信。边缘设备可以通过服务总线向云端发送实时数据、事件信息或状态更新,而云端也可以通过服务总线向边缘设备发送指令、配置信息或者更新的模型数据。服务总线负责根据消息内容或属性,动态地将消息路由到不同的目标设备或系统。通过事先定义好的路由规则,系统可以根据消息的特征将其发送到最合适的目标设备,实现灵活的消息分发。例如,基于物联网中的发布-订阅模式,消息可以根据其内容被路由到不同的订阅者,使得每个订阅者都能接收到其感兴趣的消息。

服务总线提供了一个统一的接口和通信协议,使得边缘设备和云端上运行的不同应用程序和服务能够相互集成和协同工作。例如,云端的数据分析服务可以通过服务总线将分析结果发送到边缘设备,从而指导现场的决策和操作。

服务总线通常具备安全性和可靠性的机制,如消息加密、认证和持久化存储,确保数据传输的安全性和完整性。这对于工业领域尤为重要，因为它涉及设备控制和生产过程的关键数据传输。并且，服务总线能够保证边缘设备和云端之间的低延迟通信，使得系统能够快速响应和处理生产中的各种事件和任务。

服务总线还负责实现消息格式的转换，确保不同系统之间的数据兼容性。通过定义统一的消息格式和数据模型，服务总线可以将消息从一种格式转换为另一种格式，使得不同系统能够理解和处理相同的数据。例如，服务总线能够将传感器所提供的原始信息转化成统一的 JSON 模型，以此便利后续的数据处理流程与分析活动。

边缘设备是最终执行控制指令的设备，它们接收到来自云端控制中心下发的指令，并立即执行。边缘设备负责将抽象的指令转化为具体的动作或操作，实现系统的实际控制和操作。例如，工业机器人可以接收到运动指令，并根据指令调整自身的运动轨迹和姿态，完成生产任务；智能家居设备可以接收到温度调节指令，并根据指令调整室内温度，提供舒适的居住环境。

边缘设备位于靠近数据源的位置，它们从服务总线接收数据。接收到数据后，边缘设备会进行初步的预处理，如数据过滤、聚合和清洗等操作。这些预处理步骤可以去除噪声和冗余数据，提取有用的信息。例如，边缘设备可以对多台传感器的原始数据进行去噪和平均处理，从而生成更加稳定和准确的环境数据。边缘设备不仅负责数据的预处理，还能够在本地进行实时计算和决策。通过在边缘设备上部署计算能力，系统可以在数据产生的源头进行分析和处理，减少数据传输的延迟，提供即时的反馈。例如，在工业自动化场景中，边缘设备可以基于实时采集的数据进行故障检测和预警，及时调整生产参数，避免损失。经过处理和分析后的数据，需要上传至云端进行深度分析和长期存储。边缘设备将处理后的数据通过服务总线发布到云端。通过这种方式，边缘设备不仅可以减轻云端的计算压力，还能够将重要的数据和分析结果快速传递到云端，以便进行更全面的分析和决策。例如，边缘设备可以将汇总后的生产数据上传到云端，供管理系统进行生产效率的分析和优化。

云端拥有强大的计算和存储能力，适合处理大量的历史数据和复杂的分析任务。在云端，数据被系统地存储和管理，可以使用大数据技术对这些数据进行深度分析。通过机器学习和人工智能算法，云端可以从海量数据中提取出有价值的模式和信息，支持智能化的决策。例如，云端可以分析生产数据，识别出生产过程中的瓶颈和优化点，从而提高生产效率。云端不仅负责数据的存储和分析，还可以进行机器学习模型的训练和更新。基于从边缘设备收集到的大量数据，云端可以训练出高精度的预测模型和决策模型。一旦新的模型训练完成，云端会通过服务总线将更新的模型下发至边缘设备，使得整个系统能够实时应用最新的智能化成果。例如，云端可以训练一个新的故障预测模型，并将其下发到边缘设备，以提高设备的故障检测能力和预防能力。

云端控制中心是系统的智能决策中心，根据对采集到的数据进行深度分析和处理后得出的结论，生成相应的控制指令。这些指令可能涉及调整设备的运行参数、改变系统的工作模式，或者触发特定的操作。例如，在智能制造场景中，云端控制中心可以根据实时生产数据预测下一步的生产需求，并生成相应的生产计划和任务分配。一旦控制指令生成，云端控制中心通过服务总线将这些指令发送到边缘设备。服务总线负责指令的可靠传输和路由，确保指令能够准确、及时地传达到目标设备。通过采用异步通信和消息队列的方式，云端控制中心可以同时向多个设备发布指令，实现对整个系统的集中控制和管理。

7.4 本章习题

1. 简述云计算在云边端协同服务中的作用，并举例说明其应用场景。
2. 什么是边缘计算？它在云边端协同服务中的主要优势是什么？
3. 什么是服务编排？请解释其在云端环境中的作用。
4. 列举服务总线在安全性和可靠性方面的机制，并解释其重要性。
5. 综合性习题：某农业公司希望利用云边端协同技术来提升其智能农业系统的效率和生产力。该系统需要在农田中部署传感器、无人机和智能农机设备，通过实时监测和数据分析来优化农作物的种植、灌溉和收割过程。

（1）绘制系统架构图，展示云端、边缘计算和终端设备的分布。标注出以下各个模块的位置：数据管理模块、计算任务分配模块、通信模块和安全模块。

（2）给出一个具体的应用场景，例如，在某天的早晨，系统检测到土壤湿度过低，描述系统如何从数据采集到最终执行灌溉任务的全过程。

第8章 基于机器人中间件的云边端应用开发实例

前几章深入探讨了机器人中间件的基本概念、关键技术，以及如何实现设备组件的服务化，构建云边端协同的机器人系统。本章将通过一系列具体的应用案例，展示机器人中间件如何在云边端协同开发中发挥关键作用。为了便于读者深入理解如何利用机器人中间件构建云边端协同的机器人应用，本章采用了案例研究的方法论。每个案例都从实际的应用背景出发，详细介绍了系统的设计和实现过程，并通过实际的验证演示，展示了机器人中间件技术的实用性、有效性。通过这些案例，读者不仅能够获得宝贵的技术知识，还能够学到如何在实际项目中应用这些知识。

本章将依次探索多机器人协同焊接、爬壁机器人远程客户端作业、ROS AGV 控制以及视觉驱动的多机协同分拣等应用案例。每个案例都是对机器人中间件技术应用的深入剖析，旨在为读者提供全面、系统的技术参考。

8.1 多机器人协同焊接

8.1.1 案例背景介绍

本节的案例是一个在船舶制造、重型机械加工等工艺中广泛应用的双机协同焊接应用。双机焊接通过双面同时焊接，可以有效提升焊接质量，缩短作业周期，从而在保证焊接工艺精度的同时，显著提高生产效率。本案例将探讨如何利用中间件技术，实现杰瑞（JARI）和 ABB 两大品牌的六轴机器人在中厚板焊接作业中的协同工作，将展示如何开发满足机器人中间件规范的设备、组件服务，以及中间件技术如何简化机器人编程和操作流程。图 8-1 展示了本演示场景的具体配置和操作。

8.1.2 系统架构设计

多机器人协同焊接的成功实施，核心在于构建高效的系统架构。该架构采用了模块化和层次化的设计策略，旨在提升系统的可扩展性、维护便捷性及整体灵活性。总体架构由物理层、本地控制层和应用层

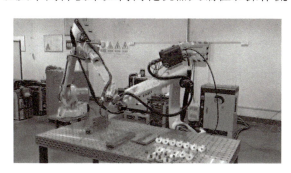

图 8-1 演示场景

组成，每一层都通过中间件技术实现紧密集成。系统总体架构如图 8-2 所示，涵盖了从物理层到本地控制层的完整设计。

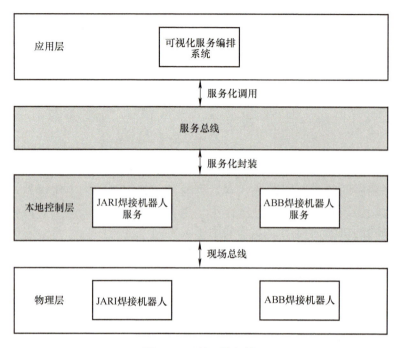

图 8-2　系统总体架构

物理层主要由演示场景的硬件组成，包括：JARI 焊接机器人一台（型号为 JARI-CP-012）、ABB 焊接机器人一台（型号为 IRB2600），以及两个焊接电源。

本地控制层的设计重点在于实现机器人运动控制功能、焊机控制功能的服务化封装，以及机器人状态信息的监控。这些功能通过现场总线实现对物理层的控制，所有功能的服务化封装均严格参照 RDCS 开发部署规范执行。

本地控制层之上就是系统核心——服务总线。应用层是系统与用户交互的接口，在这一层，设计了服务总线，它负责接收封装服务的注册信息，并提供与组件层的交互接口。用户可以通过服务总线查询服务注册信息、调用服务，实现对机器人任务的高级管理和调度。

双臂焊接的工艺流程如图 8-3 所示。首先，控制 ABB 和 JARI 机器人分别移动到各自的焊接起始位置，随后控制两台焊机起弧开始焊接，使之按照设定目标沿直线运动到指定位置后停止起弧，完成焊接。

8.1.3　应用构建与部署

本节详细介绍了在多机器人协同焊接项目中，应用构建与部署的关键步骤和方

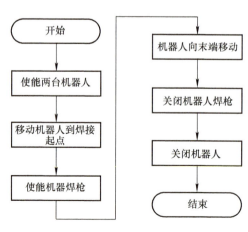

图 8-3　焊接工艺流程图

法。这一过程将理论与实践相结合,确保了机器人中间件技术的有效实施和系统性能的优化。

服务化封装是实现构建云边端协同焊接的第一步。通过将工业机器人的底层设备功能和算法组件抽象化,并封装为可通过 RDCS 总线进行交互的服务,不仅降低了系统间的耦合度,而且显著提升了整个控制系统的开放性和智能化水平。服务化封装允许服务提供者保护源码安全,同时仅通过接口文件或 WSDL 文件向用户公开必要的参数信息,简化了服务消费方的使用过程。这一过程主要分为如下几个步骤,首先是设备服务应用程序的开发,其次是设备服务的部署与注册加载,最后是基于服务总线提供的编排工具对设备算法服务进行编排组合,实现双臂协同焊接的服务。具体操作步骤如下。

1. 设备服务应用程序开发

首先定义服务接口头文件,该头文件指定了该设备提供哪些服务接口,以及输入输出的参数分别是什么。基于该文件利用 RDCS 套件即可生成所需的服务框架代码,从而避免枯燥复杂的协议适配工作。针对项目需求,这里 ABB 和 JARI 六轴机器人以及它们搭载的焊接设备接口见表 8-1。

表 8-1 ABB 和 JARI 六轴焊接机器人接口定义

服务名称	接口名称	输入参数	输出参数	功能
Abb Jari Weld Robot	enable	Null	int	使能机器人
	disable	Null	int	禁止机器人
	movetopoint	double s, l, u, r, b, t	int	运动到某个点
	weldgunenable	Null	Null	启动焊枪
	weldgundisable	Null	Null	禁止焊枪

JARI:
int jarirobot__enable(int* rslt);

int jarirobot__disable(int* rslt);

int jarirobot__movetopoint (double s, double l, double u, double r, double b, double t, int* rslt);

int jarirobot__weldgunenable(int* rslt);

int jarirobot__weldgundisable(int* rslt);

ABB:
int abbrobot__enable(int* rslt);

int abbrobot__disable(int* rslt);

int abbrobot__movetopoint (double s, double l, double u, double r, double b, double t, int* rslt);

int abbrobot__weldgunenable(int* rslt);

int abbrobot__weldgundisable(int* rslt);

将上面定义的接口保存为两个文件,如 jari.idl 和 abb.idl。运行 RDCS 开发套件,打开 RDCS 开发界面,如图 8-4 所示,单击菜单栏的"工具"图标,然后单击"服务框架代码生成工具"按钮,即可弹出"服务框架代码生成工具"窗口,如图 8-5 所示。

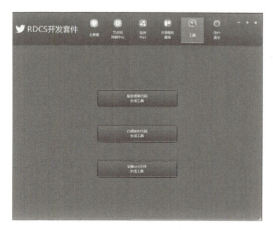

图 8-4 RDCS 开发界面

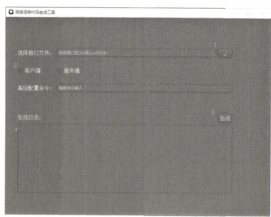

图 8-5 "服务框架代码生成工具"窗口

在"服务框架代码生成工具"窗口中,首先选择上一步设计的接口文件,然后,选中"服务端"单选按钮,RDCS 会根据选中的接口文件生成对应代码,生成的文件存储于服务接口头文件同根的 server_code 文件夹中,如图 8-6 所示。

图 8-6 选择服务接口头文件生成服务端代码

生成的文件有:

1) soapStub.h:由输入接口头文件生成的经过修改且带注释的头文件,此文件可由 C/C++ 编译器编译,而输入接口头文件则不能。

2) soapH.h:XML 序列化器的声明,是应用程序源代码中需要导入的主头文件。

3) soapC.cpp:XML 序列化器的实现,接口头文件中指定的 C/C++ 类型的序列化器。

4) soapClient.cpp:客户端的存根函数(服务代理),用于调用远程服务。(客户端生成时才有)

5) soapClientLib.cpp:将客户端存根函数与本地静态序列化程序结合在一起,可以集成为一个大型"库"。(客户端生成时才有)

6) soapService.cpp:服务端框架功能,负责将服务请求分派给用户定义的服务功能。(服务端生成时才有)

7）soapServiceLib.cpp：将服务端框架功能与本地静态序列化程序组合在一起，可以集成为一个大型"库"。（服务端生成时才有）

8）*.xml：带有 SOAP 或 XML 请求和响应消息的文件。

9）*.xsd：针对命名空间的 XML 结构定义文件。

10）*.wsdl：WebService 描述文件。

11）*.nsmap：XML 名称空间映射表。

上述代码只是服务应用的框架代码，此时服务框架的启动与业务接口尚未实现。下面以 ABB 机器人为例，介绍如何启动这个服务代码框架以及接口实现。

首先创建一个新的 main.cpp 文件，并添加引用文件以及服务框架加载代码，代码如下。其中 nPort 为该服务占用的端口号。完成服务框架的初始化后，还需要实现服务接口的定义。

```cpp
#include "soapH.h"
#include "soapStub.h"
#include "stdsoap2.h"
#include "abbrobot.nsmap"
int main(int argc, char** argv)
{
    int nPort=6051;// 服务在本地主机的端口号
    struct soap fun_soap;
    soap_init(&fun_soap);
    soap_set_mode(&fun_soap, SOAP_C_UTFSTRING);
    fun_soap.fget = http_get;
    int nMaster = (int)soap_bind(&fun_soap, NULL, nPort, 400);
    if (nMaster < 0)
    {
        soap_print_fault(&fun_soap, stderr);
        exit(-1);
    }

    while (true)
    {
        int nSlave = (int)soap_accept(&fun_soap);
        if (nSlave < 0)
        {
            soap_print_fault(&fun_soap, stderr);
            exit(-1);
        }
        soap_serve(&fun_soap);
        soap_end(&fun_soap);
    }
    return 0;
}
```

图 8-7 展示了 ABB 服务框架中服务接口的定义，其代码位于 soapStub.h 文件中。

```
/*******************************************************************\
 *                                                                   *
 * Server-Side Operations                                            *
 *                                                                   *
\*******************************************************************/

/** Web service operation 'abbrobot__enable' implementation, should return SOAP_OK or
 error code */
SOAP_FMAC5 int SOAP_FMAC6 abbrobot__enable(struct soap*, int *rslt);
/** Web service operation 'abbrobot__disable' implementation, should return SOAP_OK or
 error code */
SOAP_FMAC5 int SOAP_FMAC6 abbrobot__disable(struct soap*, int *rslt);
/** Web service operation 'abbrobot__moveAxis' implementation, should return SOAP_OK or
 error code */
SOAP_FMAC5 int SOAP_FMAC6 abbrobot__moveAxis(struct soap*, double s, double l, double u,
 double r, double b, double t, int *rslt);
/** Web service operation 'abbrobot__weldgunenable' implementation, should return
 SOAP_OK or error code */
SOAP_FMAC5 int SOAP_FMAC6 abbrobot__weldgunenable(struct soap*, int *rslt);
/** Web service operation 'abbrobot__weldgundisable' implementation, should return
 SOAP_OK or error code */
SOAP_FMAC5 int SOAP_FMAC6 abbrobot__weldgundisable(struct soap*, int *rslt);
```

图 8-7　soapStub.h 定义的接口

可以看出，每个服务有五个待实现接口，它们分别对应上面定义的接口。每个接口的首个参数是服务框架的句柄，一般使用不到。针对 ABB 和 JARI 两种不同机器人，需要采用它们各自遵循的协议进行适配。对于 JARI 机器人，它是基于串口通信设置，因此在实现中需要加载串口模块，将服务接口接收到的参数转发到 JARI 机器人。对于 ABB 机器人，通过 ABB 的 PCSDK 来实现对 ABB 设备的访问控制。由于设备类型的不同，需要进行大量相关工作，这里不再展开赘述。

编译上述代码为可执行文件，该程序即为设备对应的服务程序。

2. 设备服务部署与注册加载

在设备服务部署与注册加载前，还需要指定该设备服务的元数据信息。这里还需要利用 RDCS 工具中的设备 XML 文件生成工具。具体操作过程如下。

如图 8-8 所示，单击"设备 xml 文件生成工具"按钮，打开"设备描述 XML 文件生成工具"界面。

如图 8-9 所示，"设备描述 XML 文件生成工具"界面的"设备信息"选项组给出了设备描述的参数，介绍如下：

1）服务名称：封装服务的名称，开发者自定义，建议应能够通过该名称了解服务具体用途。

2）服务类型：服务的类型，如设备服务、算法组件服务、通用功能组件服务等，可以标识服务的类别。

3）绑定地址：服务绑定的 IP 地址和端口号。

4）端口号：服务的端口号。

5）目标名称空间：自定义。

6）wsdl 链接：能够通过该链接查看服务的 wsdl 内容。

7）最大版本号：服务的主版本号。

8）最小版本号：服务的小版本号。

9）设备名称：标识服务所对应设备的名称。

10）设备类型：设备的类型，如工业六轴机器人、AGV、爬壁机器人等。

11)动态库名称:由选择服务端生成的动态库文件自动填写,名称为动态库文件绝对路径。

12)编写者:服务开发者信息。

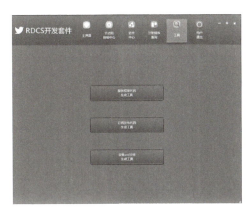

图 8-8 "工具"界面

图 8-9 "设备信息"选项组界面

按图 8-10 填入当前服务设备的元数据基本信息,单击"选择动态库文件"按钮,弹出文件资源窗口,选择编译生成的服务端动态库文件 testServer2.dll,单击"生成 XML 文件"按钮,选择文件夹,输入文件名,单击"保存"按钮,日志框便会提示文件保存成功。

图 8-10 设备服务 XML 描述文件生成

将 RDCS 服务框架代码生成工具生成的 WSDL 文件放在 RDCS 可执行文件同路径下，在 RDCS 主界面中单击"导入设备"，选择设备描述 XML 文件（动态库文件的绝对路径与实际动态库文件位置匹配），即可将设备服务发布出去。注意，如果服务端工程调用了第三方动态库，则这些动态库文件都需要复制到 RDCS 可执行文件同路径下，否则会报错，如图 8-11 所示。

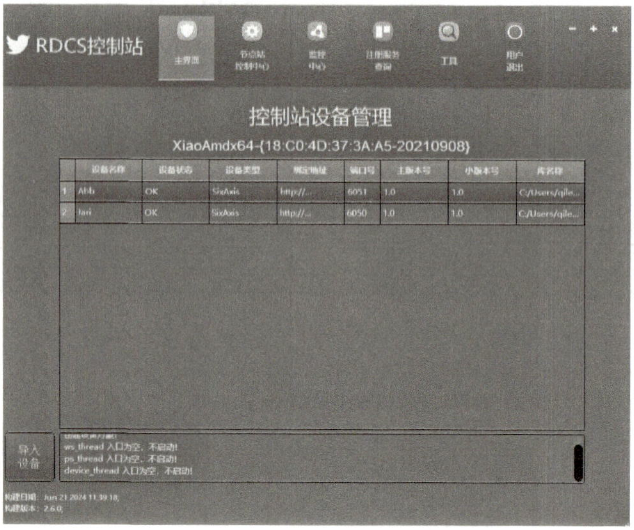

图 8-11　设备服务导入

控制站设备管理显示本地 RDCS 已加载发布的设备服务列表，在设备服务所在行单击鼠标右键，然后单击"详情"，可查看该服务设备的详细信息。

保持 RDCS 运行状态，打开浏览器，在输入网址一栏输入设备描述 XML 文件中的"绑定地址"参数对应的 IP 和端口号（或 127.0.0.1：6050，此处端口号为服务端工程中设置的端口号），即可看到该服务的 WSDL 文件内容，这表示服务已成功发布，如图 8-12 所示。如若报错"404"，则检查 WSDL 文件是否与 RDCS 可执行文件同目录。

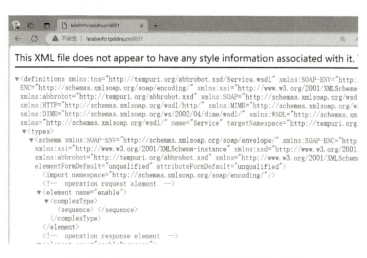

图 8-12　从浏览器查看运行服务的 WSDL 文件

上一步骤中，只是实现服务的加载，如果希望该服务程序能够被总线加载使用，还需要将该服务注册到服务总线。右击加载的设备服务，单击"加载"，可以将当前服务的元数据信息注册到服务总线。

3. 基于服务编排双臂焊接应用构建

当所有服务加载运行并注册到服务总线后，通过服务总线的管理页面即可发现这些服务。

图 8-13 和图 8-14 分别展示了服务总线控制系统的登录页面和服务总线组件注册管理页面。单击图中新增编排服务即可开始创建一个新的编排应用。具体流程如下。

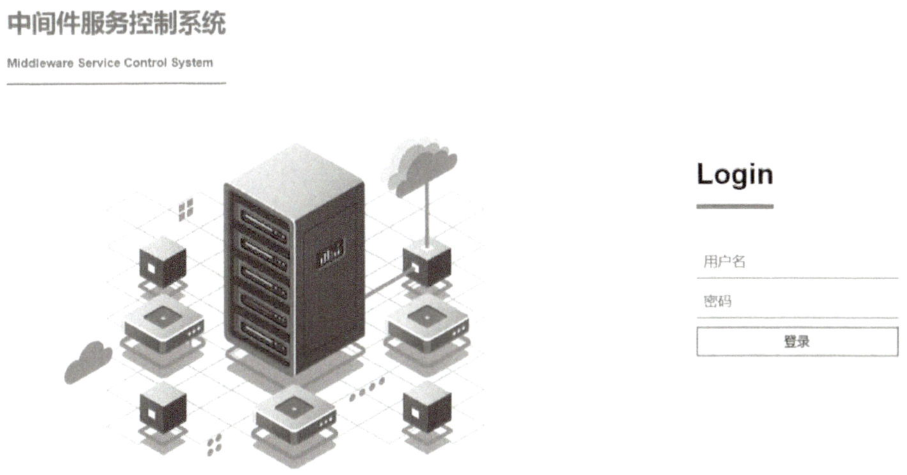

图 8-13 服务总线登录页面

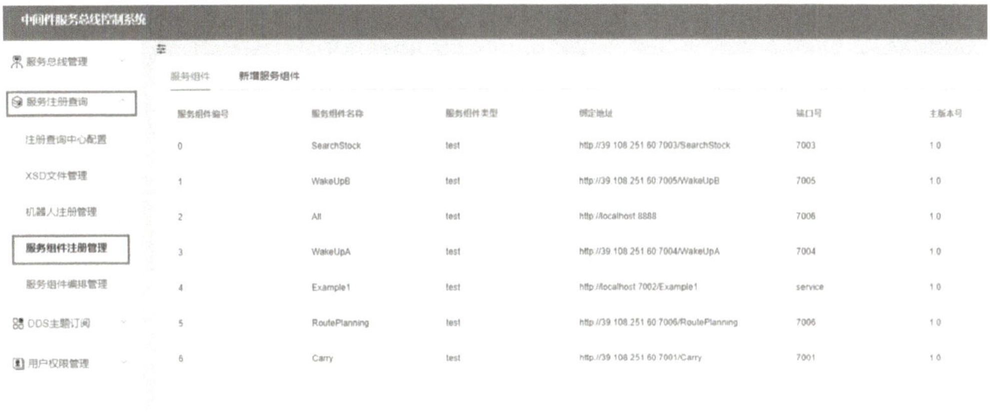

图 8-14 服务总线组件注册管理页面

1）根据业务需求在编排编辑界面左侧找到多机焊接所对应的设备服务，单击该服务，在弹出的接口列表中选择调用的接口，如图 8-15 所示。

图 8-15 注册服务列表

2）按照调用顺序连接上面设备的服务接口，连接完成后单击"确定编排"按钮，编排成功，形成了新的服务，如图 8-16 所示。

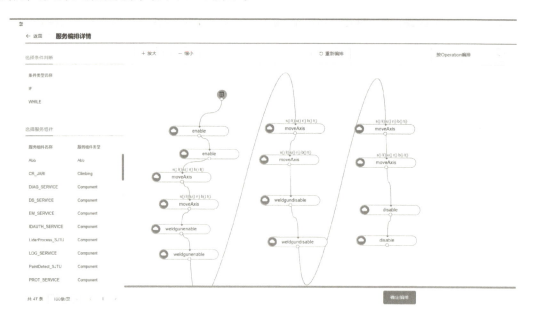

图 8-16 多机协同焊接服务编排应用

3）启动编排的服务，查看已经编排的服务组件，即可发现刚才编排的服务如图 8-17 所示。单击"启动"按钮，服务总线在后台将加载该编排服务的逻辑。单击"调试"按钮，即可通过模拟客户端访问该服务。

图 8-17 启动编排服务

8.1.4 小结

本节中通过实际案例,展示了中间件技术如何在云边端协同开发中发挥至关重要的作用,实现了不同品牌机器人之间的高效协同工作,展示了机器人中间件在现代智能制造中的应用潜力和实际效益,以及基于服务编排的机器人技术的灵活易用性。

8.2 爬壁机器人远程客户端作业

8.2.1 案例背景介绍

本节的案例研究聚焦于爬壁机器人作业,这是一种在船舶制造、重型机械加工等领域日益受到重视的技术。杰瑞爬壁机器人主要用于船舶外场除锈、除漆及喷涂作业,通过搭载不同的末端工艺装备实现不同的作业形式,爬壁机器人典型的应用场景如图 8-18 所示。

图 8-18 爬壁机器人作业现场

当前爬壁机器人都是采用现场遥控设备，如图 8-19 所示，作业人员必须处于现场实时观察机器人的运行情况，难以实现自动化爬壁作业，机器人的运行状态信息也难以采集，不利于同其他车间作业系统进行集成。

本演示场景将爬壁机器人的移动、启停控制以及工艺控制等功能以服务化的方式进行封装，并基于机器人中间件构建爬壁喷涂应用远程客户端，实现远程控制及信息采集，从而打破原有爬壁机器人的封闭式控制系统架构，利于同企业的管控平台及其他设备进行集成，提高应用企业的爬壁机器人智能化管控水平和作业过程的自动化水平。

图 8-19　机器人遥控器

8.2.2　系统架构设计

系统架构是确保多机器人协同焊接成功实施的核心。该设计方案遵循了模块化与层次化的原则，旨在增强系统的可扩展能力、简化维护流程，并提升整体灵活性。总体架构由物理层、本地控制层和用户层组成，每一层都通过中间件技术实现紧密集成。系统总体架构如图 8-20 所示，涵盖了从物理层到本地控制层的完整设计。本演示系统的硬件组成主要包括：爬壁机器人（1 台）、喷涂工艺设备（1 套）。

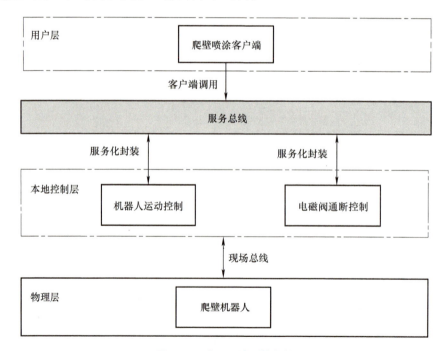

图 8-20　演示系统总体架构

本地控制层实现机器人运动控制功能、电磁阀通断控制功能的服务化封装以及机器人状态信息监控，通过现场总线实现对物理层的控制。所有功能的服务化封装均参照 RDCS 开发部署规范执行。

用户层可提供用户直接远程客户端调用控制机器人运动,本场景目前包含机器人启动、禁止、前进、后退、左转、右转、启动喷枪、禁止喷枪等功能,后续可根据企业标准和应用需求继续开发其他可调用机器人功能。

服务总线负责接收封装服务的注册信息,提供与用户层和本地控制层的交互接口,用户可以在服务总线中查询服务注册信息,调用服务,监控设备的状态信息。

8.2.3 应用构建与部署

本节详细介绍了在爬壁机器人作业项目中,应用构建与部署的关键步骤和方法。这一过程将理论与实践相结合,确保了机器人中间件技术的有效实施和系统性能的优化。

服务化封装是系统高效管理和资源共享的重要步骤。通过将工业机器人的底层设备功能和算法组件抽象化,并封装为可通过 RDCS 总线进行交互的服务,不仅降低了系统间的耦合度,而且显著提升了整个控制系统的开放性和智能化水平。服务封装允许服务提供者保护源码安全,同时仅通过接口文件或 WSDL 文件向用户公开必要的参数信息,简化了服务消费方的使用过程。这一过程主要分为如下几个步骤,首先是设备服务应用程序的开发,其次是设备服务应用的部署与注册加载,最后是基于机器人中间件的爬壁喷涂应用远程客户端构建。各步骤的操作步骤如下。

1. 设备服务应用程序开发

首先定义服务接口头文件,该头文件指定了该设备提供哪些服务接口,以及输入输出的参数分别是什么。基于该文件利用 RDCS 套件即可生成所需的服务框架代码,从而避免枯燥复杂的协议适配工作。针对案例需求,这里 JARI 爬壁机器人以及它们搭载的喷涂设备接口见表 8-2。

表 8-2 JARI 爬壁机器人和喷涂枪接口定义

服务名称	接口名称	输入参数	输出参数	功能
Jari_Climbrobot	enable	Null	int	使能机器人
	disable	Null	int	禁止机器人
	forward	double distant, speed	int	前进
	back	double distant, speed	int	后退
	left	double angle	int	左转
	right	double angle	int	右转
SprayGun	enable	Null	Null	启动喷枪
	disable	Null	Null	禁止喷枪

Jari:
int Jari_Climbrobot__enable(int* rslt);
int Jari_Climbrobot__disable(int* rslt);
int Jari_Climbrobot__forward(double distant, double speed, int* rslt);
int Jari_Climbrobot__back(double distant, double speed, int* rslt);
int Jari_Climbrobot__left(double angle, int* rslt);
int Jari_Climbrobot__right(double distant, int* rslt);
SprayGun:
int SprayGun__enable(int* rslt);
int SprayGun__disable(int* rslt);

服务框架代码生成、服务框架代码加载与接口实现部分请参照 8.1.3 节案例步骤操作。

2. 设备服务部署加载

请参照 8.1.3 节案例步骤操作。

3. 基于机器人中间件的爬壁喷涂应用远程客户端构建

（1）客户端调用服务

服务提供方将自有的功能模块服务化封装为动态库后，RDCS 导入设备保持运行状态，服务调用方只需要编写好的服务接口头文件、服务绑定的 IP 地址和端口号，就可以构建客户端调用服务，服务调用方使用 RDCS 快速生成客户端代码框架，编写调用服务的代码，即可使用服务相关功能。建立客户端的步骤如下：

1）运行 RDCS 开发套件，在"服务框架代码生成工具"窗口中选择服务接口文件，生成客户端代码框架，操作步骤如图 8-21 所示，选中"客户端"单选按钮。生成成功后，服务接口文件所在路径会生成一个名为"client_code"的文件夹。

2）建立客户端工程：以 Windows 下 Visual Studio 2019 为例，创建空项目，项目名为"Climbing"，勾选"将解决方案和项目放在同一目录中"复选框，如图 8-22 所示。随后复制 client_code 文件夹中的 soapC.cpp、soapH.h、soapClient.cpp、soapStub.h、stdsoap2.cpp、stdsoap2.h、Jari_Climbrobot.nsmap（此为示例文件，用户实际情况添加服务接口文件的前缀为名的 .nsmap 文件），新建文件"test_Client.cpp"到项目路径下，客户端工程文件目录如图 8-23 所示。

图 8-21 "服务框架代码生成工具"窗口

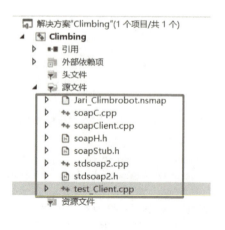

图 8-22 Visual Studio 2019 项目创建界面　　图 8-23 客户端工程文件目录

3）编写"test_Client.cpp"，具体代码如图 8-24 所示。需要注意的是：①在该代码中需要引用域定义文件，扩展名为 .nsmap；②在代码中需将 IP 地址和端口号修改为实际服务端的 IP 地址和端口号。随后，可以加载生成的客户端框架代码，并通过客户端框架代码中封装好的接口访问目标服务。

图 8-24 本项目 test_Client.cpp 文件内容

客户端可调用的函数声明在"soapStub.h"文件末尾，如图 8-25 所示，在"test_Client.cpp"中使用这些函数即可实现服务的调用，完成相应的功能，示例使用了同步调用接口。

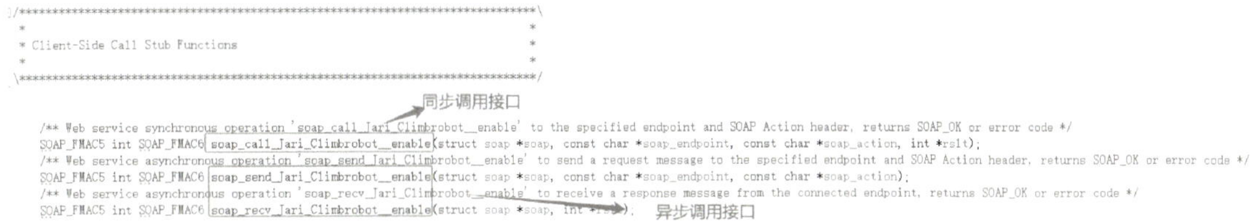

图 8-25 客户端"soapStub.h"中函数的声明

4）编写好客户端的逻辑后，编译生成可执行文件，保持 RDCS 已成功导入设备的条件下运行客户端即可调用服务。此处注意客户端工程中服务端的 IP 地址与实际运行服务的 RDCS 所在 IP 地址是否匹配。

客户端只能得到服务接口中指定传回的参数，而底层函数和服务端输出打印的信息是不会在运行客户端的控制台中显示的，服务端输出打印的信息会在 RDCS 主界面旁的黑框控制台中显示。

（2）启动客户端控制爬壁机器人

启动计算机 2 上的爬壁机器人示范应用客户端（见图 8-26），通过该客户端可以手动控制爬壁机器人前后左右移动、喷枪启停，也可以提前在客户端内编写自动运行逻辑，而后单击客户端"自动"按钮，控制爬壁机器人自动运行。客户端远程控制爬壁机器人作业如图 8-27 所示。

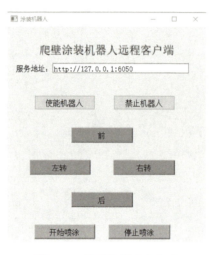

图 8-26　爬壁机器人客户端

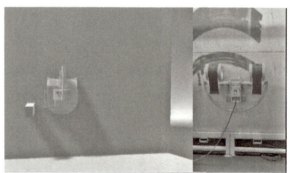

图 8-27　客户端远程控制爬壁机器人作业

8.2.4　小结

本节深入探讨了杰瑞爬壁机器人在船舶外场除锈、除漆及喷涂作业中的应用和机器人中间件技术的关键作用。本节通过实际案例，展示了如何对爬壁机器人的移动、启停控制以及工艺控制等功能以服务化的方式进行封装并使用远程客户端调用，提高应用企业的爬壁机器人智能化管控水平和作业过程的自动化水平，为读者提供了一个全面、系统的技术参考，展示了机器人中间件在现代智能制造中的应用潜力和实际效益，为基于机器人中间件构建机器人应用远程客户端调用的机器人技术在除锈、喷涂等领域的应用提供了宝贵的经验和启示。

8.3 ROS AGV 控制

8.3.1 案例背景介绍

ROS（Robot Operation System）是目前世界上最大的机器人开源操作系统，集成了强大的硬件、底层设备控制、种类繁多的功能包。本节案例聚焦于工业机器人分布式控制系统（RDCS）的开发，该系统旨在应对封闭式工业系统普遍面临的标准化不足和异构资源整合挑战。RDCS 被设计为一个综合性的中间件应用框架，集成了标准制定、跨平台开发、调试及运行管理等功能，以实现更高效的系统集成与操作。能够方便厂家和用户快速构建开放、复杂、智能的工业机器人控制系统。

ROS 具有强大的生态环境，得到广大学术界、工业界的关注与应用；其缺点也比较明显，首先，其跨平台能力较弱，只能部署在固定发行版本的系统上，所需的依赖配置较多；其次，ROS 软件应用开发仍然遵循传统的单体开发模式，依赖众多且封闭性强。应用间集成开发需要通过 ROS 定义私有协议，且没有融入敏捷开发、低代码编程等先进的开发理念，生产效率较低。

RDCS 基于面向 SOA 架构理念，制定了一系列开放式标准协议，打造出以服务总线为核心、多节点控制站共融的分布式开发应用框架，该套框架是集开发、调试、运营、监控为一体的开放式系统，在架构理念上优于 ROS，能够兼容第三方系统，方便用户使用，具有强大的生命力。

8.3.2 系统架构设计

图 8-28 展示了本次示范的应用结构图，其对应的现场运行图如图 8-29 所示。具体来说包括以下三个主要部分：

（1）工业机器人服务总线

服务总线是 RDCS 系统的核心，负责整合并管理系统中的服务资源。它通过组件层中的集成组件，实现服务的注册、调度与组合；监控服务状态，并向用户呈现服务运行情况等功能。

（2）设备抽象层

设备抽象层通过 Rdcs2Ros 组件实现 RDCS 服务总线与底层 ROS 系统的互联。该组件负责将 ROS 系统中的分布式资源和功能封装为标准服务，供上层调用。通过设备抽象层，服务总线可以透明地与下层的 AGV 小车及建图模块交互。

（3）ROS 系统

该层包含多个 ROS 功能包，对应具体的硬件或者算法功能模块包。

1）AGV 小车控制功能包：负责小车运动与路径规划。

2）建图功能包 1 与建图功能包 2：分别处理小车导航和环境建图任务，提供实时建图数据。

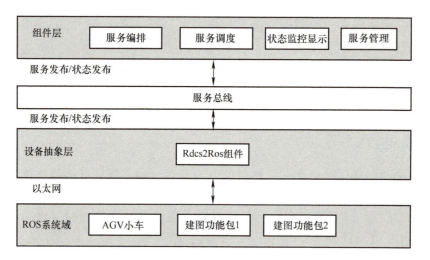

图 8-28 Rdcs2Ros 组件应用结构图

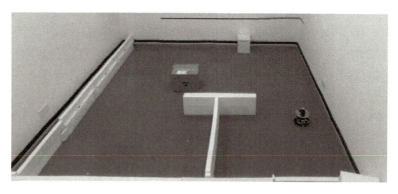

图 8-29 AGV 小车现场运行图

演示部署表见表 8-3。

表 8-3 演示部署表

材料名称	功能描述
PC1	Ubuntu 系统，用于运行 ROS Master、建图功能包 1、建图功能包 2
ROS AGV 小车	搭载激光雷达的 AGV 小车，提供 ROS 功能包，接收外部小车控制指令，发送激光雷达数据
PC2	Windows 系统，运行设备交互管理组件与 Rdcs2Ros 服务组件，提供节点监控信息，建立 RDCS 与 ROS 系统的桥梁
PC3	公网服务器，运行服务总线软件
室内模拟环境	小车运行场地

注：1. PC1 运行 ROS Master、建图功能包 1、建图功能包 2。
    2. ROS AGV 小车，上电后自动运行，并建立与 ROS Master 的连接。
    3. PC2 运行 RdcsCore 与 Rdcs2Ros，RdcsCore 是设备交互管理组件的后台版，建立与服务总线的联系，提供设备交互管理能力，Rdcs2Ros 构建 RDCS 与 ROS 的协议桥梁。
    4. PC3 部署公网，打开中间件服务总线 Web 管理界面（需要已经完成中间件服务总线部署），可以调用组件接口调试、业务服务编排、通过管理界面中的大屏查看资源信息等。

8.3.3 应用构建与部署

1. 设备服务应用程序开发

该部分会使用到第 6 章的 ROS 桥接组件，下面对该组件进行简单介绍。

ROS 桥接组件，通常指的是 rosbridge_suite，是一套工具，旨在将 ROS（Robot Operating System）与 Web 应用程序连接起来。它通过 WebSocket API 实现了这一目标，使得开发者可以在浏览器中控制机器人和访问 ROS 环境。以下是 rosbridge_suite 的一些关键特点：

1）WebSocket 服务器：rosbridge 提供了一个允许 Web 客户端直接与 ROS 节点进行交互的 WebSocket 服务器。这意味着可以通过网页或其他支持 WebSocket 的客户端来发送和接收 ROS 消息。

2）JSON API：rosbridge 定义了一套使得非 ROS 程序也能够使用 ROS 功能的 JSON API。这为不熟悉 ROS 的开发者提供了便利，因为他们可以使用熟悉的 JSON 格式与 ROS 系统通信。

3）跨平台兼容性：由于基于 Web 的特性，rosbridge 可以在任何支持 WebSocket 的平台上运行，包括但不限于各种操作系统和移动设备。

4）灵活性和扩展性：开发者可以根据需要扩展 rosbridge，添加新的功能或者改进现有的 API，以适应不同的应用场景。

5）简化 ROS 应用开发：对于那些希望在 Web 界面上控制机器人或访问 ROS 资源的开发者来说，rosbridge 提供了一种简单而有效的方法。

6）ROS1 与 ROS2 兼容：rosbridge 还支持 ROS1 和 ROS2 之间的通信，通过一个特定的功能包——ros1_bridge，可以实现两个版本之间消息和服务的传递。

2. 设备服务部署加载

（1）启动 ROS 系统

1）打开 PC1 计算机，启动 ROS Master。

2）ROS 小车上电，配置 ROS Master 主机所在位置网络，启动小车导航功能、激光雷达数据采集包。

3）运行 rosbridge 组件包。

（2）启动 Rdcs2Ros 组件

双击 Rdcs2Ros 组件包中的 main.exe，启动 Rdcs2Ros 组件，该组件会自动连接 ROS Master 所在计算机，通过 ROS Master 建立与 rosbridge 的联系。同时，该组件会将其注册服务总线。

（3）通过服务总线查看 ROS 状态信息

Rdcs2Ros 完成注册后（见图 8-30），会在服务总线管理页面上显示，单击"调试"按钮，可以实现对加载 ROS 资源进行访问。

图 8-31 所示为注册的 ROS 系统访问控制接口，可以获得 ROS 系统中节点信息、节点列表、参数信息、服务信息、发布数据、订阅数据等。

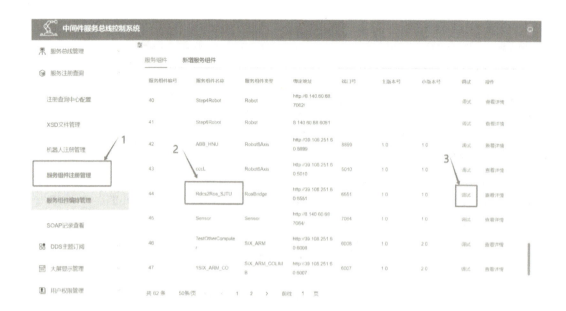

图 8-30 服务总线管理界面中查看注册的 Rdcs2Ros 组件服务

图 8-31 ROS 系统访问控制接口

3. 服务总线对 ROS 系统进行编程

使用服务总线服务编排功能，采用可视化拖拽式编程完成控制 ROS AGV 小车移动中建图工作。编排结果如图 8-32 所示，编排的步骤如下：

1）启动 ROS 下建图功能包 1（含环境感知组件），触发其订阅处理后的激光雷达数据。
2）启动 ROS 下 AGV 小车激光雷达发布。
3）订阅建图功能包 1 的发布数据，通知总线转发到指定客户端上。
4）向 AGV 发送一系列移动控制指令，驱动小车移动。

客户端程序代码如图 8-33 所示。

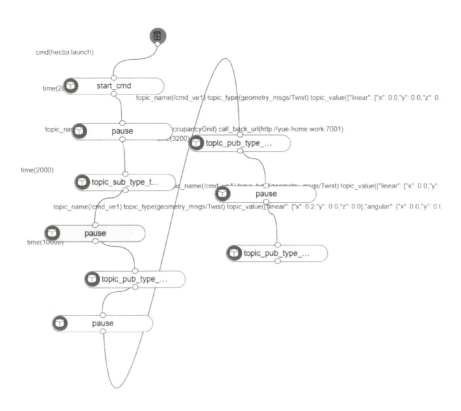

图 8-32　服务总线编排 ROS AGV 小车运动建图

图 8-33　客户端程序代码

这段 Python 代码是使用 PyQt5 为 ROS（机器人操作系统）AGV（自动引导车辆）建图应用程序设置的图形用户界面（GUI）。它在 AGV 路径规划项目中作用的详细说明如下：

（1）类定义

Ui_Form 是一个类，定义了 ROS 建图工具的 UI 布局和行为。

（2）UI 设置

setupUi 方法初始化 UI 组件，如标签、按钮和文本输入字段。

UI 包括：一个主标签（label_2），显示"ROS AGV 扫描建图"；一个输入字段（lineEdit），用于输入服务地址；以及一个按钮（pushButton_2），用于启动扫描和建图过程。

（3）按钮单击事件

on_button_click 是一个与按钮单击事件相连的方法。当按钮被单击时，它会从输入字段中检索服务地址，并打印一条消息，表明扫描服务的启动和注册建图数据回调。

（4）网络通信设置

set_http_add 方法用于设置网络通信参数，包括 IP 地址、端口和回调函数，以便在启动扫描服务时，能够将建图数据发送到指定的网络地址。

启动客户端程序，获得服务总线推送的建图如图 8-34 所示。图 8-35 为现场运行图。

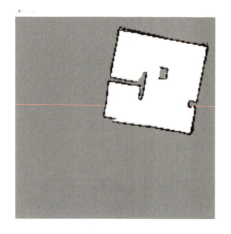

图 8-34　建图功能包 1 建图效果

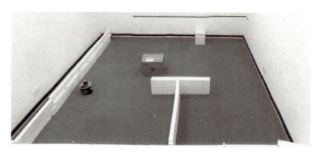

图 8-35　现场运行图

为了体现 RDCS 可以迅速迭代编程的优势，本步骤中替换编排规则中建图功能包为建图功能包 2（不含环境感知组件），重复上述过程，获得建图结果如图 8-36 所示，可以看出，当前建图功能包建图质量比之前差。对比上述操作可以发现，无须改变用户应用、ROS 系统，仅通过改变编排规则即可实现业务重整。

8.3.4　小结

本节介绍了工业机器人分布式控制系统的中间件应用框架，并详细阐述了基于元数据描述的

图 8-36　改变编排规则中启动的建图功能包

中间件/组件设计开发规范，为工业机器人的构建提供了标准化的指导。本节通过实际项目案例，展示了设备跨平台适配组件软件、基于 DDS 的设备交互管理组件软件和轻量级 RDCS 服务总线软件的应用，RDCS 对 ROS 系统兼容，实现了对 ROS 资源整合利用。为读者提供了一个全面、系统的技术参考，通过可视化编程技术对 ROS 下功能包进行柔性电镀，实现不同路径下不同建图质量组件的建图数据输出，重点体现 RDCS 的优势。

8.4 视觉驱动的多机协同分拣

8.4.1 案例背景介绍

本节的案例研究聚焦于视觉驱动的多机协同分拣作业。机器人中间件使得多个机器人能够通过视觉识别系统获取的信息进行协同作业，在物流行业，视觉驱动的多机协同分拣系统能够有效提高分拣效率和准确性，从而快速、准确地完成货物分拣工作，如图 8-37 所示。该产线中包含工业四轴机器人、六轴机器人、传送带、光电开关、相机等多个设备。现有的开发模式是通过 PLC 对上述系统进行统一控制，操作比较复杂，需要在现场通过 PLC 逐一进行设备适配并编写代码，设备间通信强耦合，设备资源更换需要改变原有软件框架。

针对这一问题，本项目利用中间件技术，将机器人的各项控制功能根据其工艺需要进行服务化封装，而后在中间件服务总线上对各个功能进行服务编排，实现机器人针对不同应用需求的快速响应、模块化编程，从而缩短机器人应用程序的开发周期，进而降低开发难度。

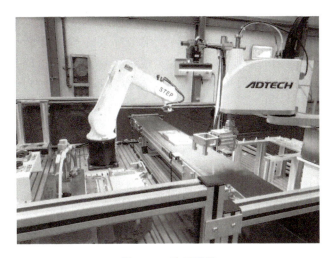

图 8-37 演示场景

8.4.2 系统架构设计

本演示系统的硬件组成主要包括：新时达六轴机器人一台、新时达四轴机器人一台、工业相机一台、带光电传感器传送系统一套。设备抽象层将上述设备分别抽象成四轴服务、六轴服务、位置定位服务、相机服务、光电触发服务，联合服务总线以及组件层提供的服务编排组件、状态模型显示、服务管理功能组件共同完成如下视觉抓取工作。系统结构图如图 8-38 所示，工艺流程图如图 8-39 所示。

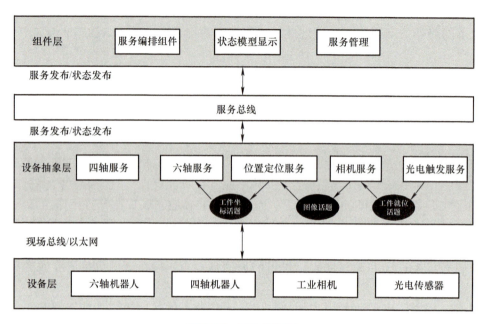

图 8-38　系统结构图

六轴服务、四轴服务分别提供六轴、四轴机器人控制功能，其接口按照其对应类型的接口标准实现。

由于位置定位服务、相机服务、光电触发服务需要较强的实时性，其服务采用带 QoS 约束的数据分发方式实现，关键运行数据的交互只在设备抽象层，服务总线只负责下发配置指令实现订阅 - 发布双方的绑定。

上述服务组件将自身状态信息按照设备元数据信息规范，定时上传服务总线。

服务总线负责接收封装服务的注册信息，提供与组件层和设备抽象层的交互接口，用户可以在服务总线中查询服务注册信息，调用编排服务，监控设备的状态信息。

8.4.3　应用构建与部署

本节详细介绍了在视觉驱动的多机协同分拣项目中，应用构建与部署的关键步骤和方法。这一过程将理论与实践相结合，确保了机器人中间件技术的有效实施和系统性能的优化。

服务化封装是实现系统高效管理、资源共享的重要步骤。通过将工业机器人的底层设备功能和算法组件抽象化，并封装为可通过

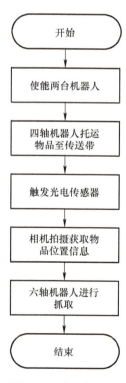

图 8-39　多机协同分拣工艺流程图

RDCS 总线进行交互的服务，不仅降低了系统间的耦合度，而且显著提升了整个控制系统的开放性和智能化水平。服务封装允许服务提供者保护源码安全，同时仅通过接口文件或 WSDL 文件向用户公开必要的参数信息，简化了服务消费方的使用过程。这一过程主要分为如下几个步骤，首先是设备服务应用程序的开发，其次是设备服务应用的部署与注册加载，最后是基于服务总线提供的编排工具对设备算法服务进行编排组合，实现多机协同分拣的服务。具体操作步骤如下。

1. 设备服务应用程序开发

首先，定义服务接口头文件，该头文件指定了该设备提供哪些服务接口，以及输入输出的参数分别是什么。基于该文件利用 RDCS 套件即可生成所需的服务框架代码，从而避免枯燥复杂的协议适配工作。针对项目需求，这里六轴机器人和四轴机器人以及它们搭载的分拣设备接口见表 8-4。

表 8-4 服务接口头文件

服务名称	接口名称	输入参数	输出参数
STEP6 Robot	STEP6RobotEnable	Null	int
	STEP6RobotDisable	Null	int
	STEP6RobotMoveToPoint	Float x,y,z,a,b,c	int
	STEP6RobotEnableSubcrib	String name Int domain id	int
	EnablePick	Null	Null
	DisablePick	Null	Null
STEP4 Robot	STEP4RobotEnable	Null	int
	STEP4RobotDisable	Null	int
	STEP4RobotMoveToPoint	Float x,y,z,a	int
	STEP4RobotEnablePick	Null	Null
	STEP4RobotDisablePick	Null	Null
Camera	CameraEnablePublish	String name Int domain id	int
	CameraDisablePublish	Null	int
	CameraEnableSubcrib	String name Int domain id	int
	CameraDisableSubcrib	NULL	int
Sensor	SensorEnablePublish	String name Int domain id	int
	SensorDisablePublish	Null	int

（续）

服务名称	接口名称	输入参数	输出参数
Orientation	OrientationEnablePublish	String name Int domain id	int
	OrientationDisablePublish	Null	int
	OrientationEnableSubcrib	String name Int domain id	int
	OrientationDisableSubcrib	NULL	int

```
// STEP6Robot 相关接口
// 定义 STEP6Robot 移动到点的请求结构体
struct Step6RobotMoveToPointRequest {
    float x;  // x 轴坐标
    float y;  // y 轴坐标
    float z;  // z 轴坐标
    float a;  // 绕 x 轴的旋转角度
    float b;  // 绕 y 轴的旋转角度
    float c;  // 绕 z 轴的旋转角度
};
// 定义 STEP6Robot 使能订阅的请求结构体
struct Step6RobotEnableSubscribRequest {
    std::string name;   // 订阅的名称
    int domain_id;      // 领域 ID
};
// 定义 STEP6Robot 使能操作的响应结构体
struct Step6RobotEnableResponce {
    int result;  // 使能操作的结果
};
// 定义 STEP6Robot 使能订阅操作的响应结构体
struct Step6RobotEnableSubscribResponce {
    int result;  // 使能订阅操作的结果
};
// 定义 STEP6Robot 禁用操作的响应结构体
struct Step6RobotDisableResponce {
    int result;  // 禁用操作的结果
};

// 定义 STEP6Robot 移动到点操作的响应结构体
struct Step6RobotMoveToPointResponce {
    int result;  // 移动操作的结果
};
// STEP6Robot 使能接口声明
int Step6Robot__Enable(struct Step6RobotEnableResponce* response);
// STEP6Robot 禁用接口声明
int Step6Robot__Disable(struct Step6RobotDisableResponce* response);
// STEP6Robot 移动到点的接口声明
```

（续）

```
int Step6Robot__MoveToPoint(struct Step6RobotMoveToPointRequest request, struct Step6RobotMoveToPointResponce* response);
// STEP6Robot 使能订阅的接口声明
int Step6Robot__EnableSubscrib(struct Step6RobotEnableSubscribRequest request, struct Step6RobotEnableSubscribResponce* response);
// STEP6Robot 启用拾取功能的接口声明
int Step6Robot__EnablePick(void);
// STEP6Robot 禁用拾取功能的接口声明
int Step6Robot__DisablePick(void);
// Step4Robot 相关接口
结构体定义请参照 STEP6Robot
// Step4Robot 使能接口声明
int Step4Robot__Enable(struct Step4RobotEnableResponce* response);
// Step4Robot 禁用接口声明
int Step4Robot__Disable(struct Step4RobotDisableResponce* response);
// Step4Robot 移动到点的接口声明
int Step4Robot__MoveToPoint(struct Step4RobotMoveToPointRequest request, struct Step4RobotMoveToPointResponce* response);
// Step4Robot 启用拾取功能的接口声明
int Step4Robot__EnablePick(void);
// Step4Robot 禁用拾取功能的接口声明
int Step4Robot__DisablePick(void);
// Camera 相关接口
结构体定义请参照 STEP6Robot
// Camera 使能发布的接口声明
int Camera__EnablePublish(string topicname, string domainID, int* response);
// Camera 禁用接口声明
int Camera__DisablePublish(int* response);
// Camera 使能订阅的接口声明
int Camera__EnableSubscrib(string topicname, string domainID, int* response);
// Camera 订阅禁用接口声明
int Camera__Disable Subscrib( int* response);

// Sensor 相关接口
结构体定义请参照 STEP6Robot
// Sensor 使能发布的接口声明
int Sensor__EnablePublish(string topicname, string domainID, int* response);
// Sensor 禁用接口声明
int Sensor__DisablePublish(int* response);
// Orientation 相关接口
// Orientation 启用定位功能的接口声明
int Orientation__Enable(string topicname, string domainID, int* response);
// Orientation 禁用定位功能的接口声明
int Orientation__Disable(int* response);
// Orientation 使能订阅的接口声明
int Orientation__EnableSubscrib(string topicname, string domainID, int* response);
// Camera 订阅禁用接口声明
int Orientation__Disable Subscrib( int* response);
```

2. 设备服务部署加载

相关步骤请参照"8.1 多机器人协同焊接"案例中对应部分。

3. 基于服务编排多机协同分拣应用构建

下面详细介绍演示各流程步骤。

（1）发布六轴服务、四轴服务、相机服务、光电触发服务、位置定位服务，启动状态数据发布

打开 RDCS.exe，导入六轴服务、四轴服务、相机服务、光电触发服务、位置定位服务描述文件，如图 8-40 所示。

图 8-40　导入六轴服务、四轴服务、相机服务、光电触发服务、位置定位服务描述文件

使用 Web 浏览器打开"机器人服务总线管理系统"，在"服务组件注册管理"界面，可以查看到组件已经注册到系统，如图 8-41 和图 8-42 所示。

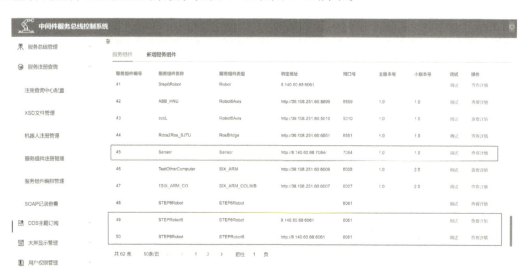

图 8-41　服务总线管理系统显示注册的六轴服务、四轴服务、光电触发服务

第 8 章　基于机器人中间件的云边端应用开发实例

服务组件编号	服务组件名称	服务组件类型	绑定地址	端口号	主版本号	小版本号	调试	操作
1	Camera	Camera	http://8.140.60.68:7063/				调试	查看详情
13	Orien	Component	http://117.68.221.17:6050/				调试	查看详情

图 8-42　服务总线管理系统显示注册的相机服务和位置定位服务

（2）对机器人服务编排（见图 8-43）

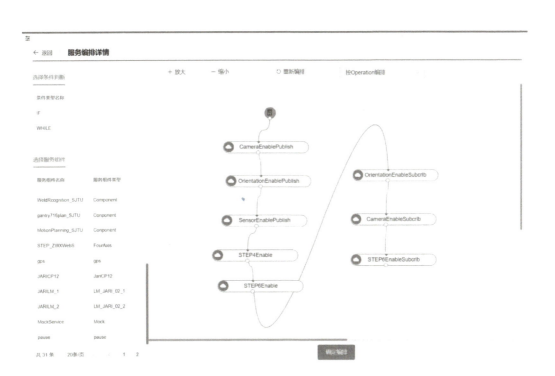

图 8-43　视觉驱动的多机协同分拣产线服务编排

编排流程如下：
1）调用机器人、相机、光电触发传感器以及位置定位算法使能接口，初始化设备。
2）调用相机服务 EnableSubcrib 接口，设置订阅光电触发服务所发布的"工件就位话题"。
3）调用位置定位算法服务 EnableSubcrib 接口，设置其订阅相机服务发送的"图像话题"。
4）调用六轴机器人服务 EnableSubcrib 接口，设置订阅位置定位算法发布的"工件坐标话题"。

（3）产线运行
服务总线控制系统进入"已编排服务组件"，启动刚编排的组件后，单击"调试"按钮，即可模拟该服务调用一次，如图 8-44 所示。

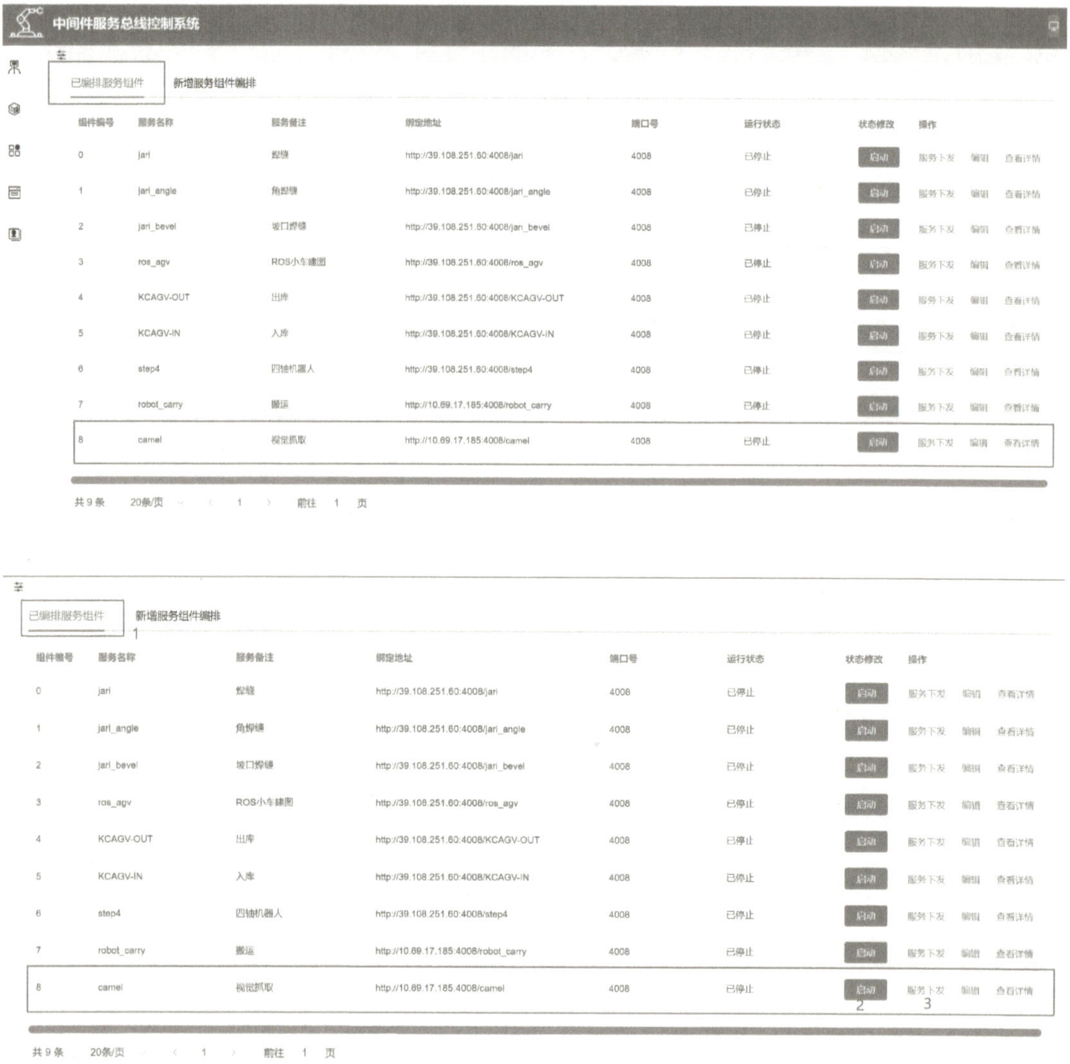

图 8-44　服务编排启动与调试

8.4.4　小结

本节深入探讨了视觉驱动的多机协同分拣领域的实际应用和机器人中间件技术的关键作用。通过本节案例，展示了中间件的服务总线技术为机器人之间的信息交换和任务调度提供了强有力的支持，而服务化封装技术则使得视觉识别等复杂功能能够被机器人轻松调用和集成。为读者提供了一个全面、系统的技术参考，展示了机器人中间件在现代智能制造中的应用潜力和实际效益，以及为基于服务编排的机器人技术在分拣领域的应用提供宝贵的经验和启示。

8.5　本章习题

1. 描述多机器人协同焊接系统的总体架构，并解释每一层的作用。

2. 解释服务化封装在多机器人协同焊接系统中的重要性，讨论它如何降低系统间耦合度并提升控制系统的开放性和智能化水平。

3. 阐述基于 RDCS 开发套件开发和部署设备服务应用程序的步骤，并解释服务框架代码生成工具的作用。

4. 在工业 4.0 的背景下，设计一个智能制造系统，该系统需要集成多机器人协同作业。描述你的系统设计思路，包括但不限于系统架构、关键技术选型、数据流和信息交换机制。

5. 选择一个具体的智能制造案例，研究其如何利用云边端协同开发来实现智能化生产，并分析案例中的技术实现过程、面临的挑战以及取得的成效。

参 考 文 献

[1] 安峰. 基于开源操作系统 ROS 的机器人软件开发 [J]. 单片机与嵌入式系统应用, 2017 (5): 27-29.
[2] 黄时哲. 基于 ROS 的下肢外骨骼机器人控制系统设计与实现 [D]. 汕头：汕头大学, 2020.
[3] 刘悦晨. DDS 跨局域网通信机制的研究 [D]. 南京：东南大学, 2016.
[4] Object Computing, Inc. OpenDDS Documentation [EB/OL]. [2023-07-22]. https://opendds.readthedocs.io/en/latest-release.
[5] 蔡裕成. 基于 Dijkstra 算法的智能旅游系统的设计与实现 [D]. 泉州：华侨大学, 2015.
[6] 陈星, 林兵, 陈哲毅. 面向云 - 边协同计算的资源管理技术 [M]. 北京：清华大学出版社, 2023.
[7] 任昊利, 李旺龙, 张少扬, 等. 数据分发服务：以数据为中心的发布 / 订阅式通信 [M]. 北京：清华大学出版社, 2014.
[8] HOHPE G. Enterprise Integration Patterns: Designing, Building, and Deploying Messaging Solutions[M]. Boston:Addison-Wesley Longman Publishing Co., 2003.
[9] DAIGNEAU R. 服务设计模式：SOAP/WSDL 与 RESTful Web 服务设计解决方案 [M]. 北京：机械工业出版社, 2013.
[10] 阚维. 自主式水下机器人上层决策系统的研究与实现 [D]. 青岛：中国海洋大学, 2011.
[11] 张天瀛. DDS-RPC 通信机制研究及在联合试验平台中的应用 [D]. 哈尔滨：哈尔滨工业大学, 2019.
[12] 胡敬羽. 基于 DDS 的 SOA 集成技术研究 [D]. 南京：东南大学, 2015.
[13] 李江宝. 基于 Wireshark 开源代码移植的 DDS 通信应用数据解析实现 [J]. 指挥控制与仿真, 2019 (5): 116-120.
[14] 邓畅, 左龙, 刘荣宽. 在机器人操作系统中使用传输服务质量的方法：CN106452841B[P]. 2019-07-26.
[15] W3C School. JSON 教程 [EB/OL].[2023-07-22]. https: //www.w3cschool.cn/json.